First published in English under the title
Physical Design Essentials: An ASIC Design Implementation Perspective
By Khosrow Golshan

谨以此书献给我的父亲Aziz、妻子Maury、儿子Troy和他的家庭——妻子Rebecca、女儿Madison和Darya。

ASIC物理设计要点

〔美〕霍斯鲁·戈尔山　著
崔志颖　译

科学出版社
北　京

图字：01-2023-2410号

内 容 简 介

本书旨在阐述ASIC物理设计所需的基本步骤，方便读者了解ASIC设计的基本思想。本书以行业通用ASIC物理设计流程顺序进行编排，从ASIC库的一般概念开始，依次介绍布局、布线、验证及测试，涵盖的主题包括基本标准单元设计、晶体管尺寸和布局风格、设计约束和时钟规划、用于布局的算法、时钟树综合、用于全局和详细布线的算法、寄生参数提取、功能验证、时序验证、物理验证、并联模块测试等。与直接阐述深层次的技术不同，本书重点放在简短、清晰的描述上，抓住物理设计的本质，向读者介绍物理设计工程的挑战性和多样化领域。

本书可供从事ASIC物理设计的工程师及设计经理参考，也可供高等院校电子科学与技术、电子信息科学与技术、计算机科学与技术、通信工程等专业师生阅读。

图书在版编目（CIP）数据

ASIC物理设计要点/(美)霍斯鲁·戈尔山（Golshan Khosrow）著；崔志颖译. —北京：科学出版社，2023.6

书名原文：Physical Design Essentials

ISBN 978-7-03-075497-4

Ⅰ.①A… Ⅱ.①霍… ②崔… Ⅲ.①集成电路-电路设计 Ⅳ.①TN402

中国版本图书馆CIP数据核字（2023）第079408号

责任编辑：杨 凯/责任制作：周 密 魏 谨

责任印制：师艳茹/封面设计：张 凌

北京东方科龙图文有限公司 制作

科 学 出 版 社 出版

北京东黄城根北街16号

邮政编码：100717

http：//www.sciencep.com

天津市新科印刷有限公司 印刷

科学出版社发行 各地新华书店经销

*

2023年6月第 一 版 开本：787 × 1092 1/16

2023年6月第一次印刷 印张：10 1/2

字数：160 000

定价：58.00元

（如有印装质量问题，我社负责调换）

致 谢

我要感谢为本书出版做出贡献的许多人。特别感谢来自 Conexant Systems 股份有限公司的 Eric Tan 对物理设计的技术建议，感谢 Mark Tennyson 在 I/O PAD 部分分享他的 I/O 电路设计专业知识，并感谢 Himanshu Bhatnagar 的技术建议。

此外，感谢 PIYE 的 Badih El-Kareh、南卫理公会大学的 Ping Gui 教授、LSI Logic Inc. 的 Scott Peterson 和明尼苏达大学的 Sachin Sapatnekar 教授审阅了手稿并提出了建设性建议。

特别感谢 Maury Golshan 和 Ian Wilson 在编辑本手稿时提供的帮助。他们花费了大量的时间和精力进行校对和修改，如果没有他们的奉献精神，几乎不可能完成这项任务。

最后，感谢 Anil Mankar（Conexant Systems 股份有限公司 VLSI 工程副总裁），他在整个出版过程中给了我鼓励和支持。

霍斯鲁·戈尔山

序

贝尔实验室最初发明的晶体管在十年后与集成电路相结合，以提高生产力和增加新应用的形式继续推动经济指数级增长。今天，集成电路可以在一块不到一平方厘米的硅上执行几乎任何电子功能。

从个人电脑，到手机，到电视，再到互联网路由器，工业界都以一种非常经济高效且方便的方式来构思、设计和实现其功能，这一点在所有人看来都是理所当然的。然而，对于主张持续实现其价值的行业和设计界来说，这一切都不是理所当然的。对于那些希望在未来几十年推动半导体行业发展的人来说，要实现一个包含数千万个晶体管的集成电路，就必须学会欣赏科学、技术甚至艺术。霍斯鲁·戈尔山先生的《ASIC 物理设计要点》以 ASIC 设计的视角提供了一种参考，可以帮助相关从业人员培养这种欣赏能力。

对于希望从事物理设计的学生来说，本书提供了一些启示，可以帮助了解推动物理设计生态的整个过程。无论是电路设计和分析，还是 CAD 工具开发，本书都将提供深入的见解，从而加快学习过程。

对于涉及本书所涵盖的一个或多个设计领域的设计师来说，本书将成为有价值的参考资料，补充和更新设计师已经熟悉的许多参考文献。事实上，霍斯鲁·戈尔山先生在本书中引用了许多这些被广泛使用的参考文献，因此，本书不仅在现代设计复杂性的背景下提供了一个独特的视角，而且在一个自洽且清晰的框架中将这些文献联系在一起。

然而，本书对设计经理来说可能是最有价值的。在深入了解各个设计步骤的同时，本书以一个完整的框架的方式将其组织起来，设计过程可以通过该框架执行。对于设计经理来说，本书本质上是一本手册，用来确定其公司是否有完善的 IC 设计流程。除此之外，设计经理还可以使用本书“盘点”其公司是否保持最新的各种技能和能力。

最后，本书将受到并应当受到像我这样的半导体公司 CEO 的赞赏。对于

CEO 来说，物理设计过程可能不会被视为增值步骤。从 CEO 的角度来看，价值通常被认为是在差异化的技术、市场选择或产品定义中创造的。

虽然物理设计过程可能不会被视为增值步骤，但我依然鼓励 CEO 要仔细阅读霍斯鲁·戈尔山先生的书，熟悉并欣赏形成物理设计的重要过程。这一过程必须在半导体公司内部得到充分理解和认真执行，否则在“芯片布局和验证”之前所有假设的增值工作都可能是徒劳的。

Matt Rhodes

CEO, Teranetics, Inc.

前 言

本书旨在阐述专用集成电路（ASIC）物理设计所需的基本步骤，方便读者了解 ASIC 设计的基本思想。

通常人们认为第一代电子产品始于 1942 年，其标志为电子开关和微型真空管的发明。基于这些新发明，到 1946 年，大规模的计算设备被开发出来。这种计算设备被称为电子数字积分计算机（electronic numerical integrator and computer，ENIAC）。ENIAC 每秒可以执行数千次计算，并在科学研究和天气预报等领域有诸多应用。

1948 年，随着第一个可工作的晶体管的问世，第二代电子产品时代开始了。这个时代的主要特征是从真空管到晶体管技术的转变。在开关电路的设计中，分立晶体管逐渐取代了真空管。

1965 年，第三代电子产品开始于集成电路（integrated circuit，IC）的发展。集成电路开始取代分立晶体管电路。此外，诸如只读存储器（read-only memory，ROM）和随机存取存储器（random access memory，RAM）等半导体存储器开始应用于系统设计的优化，这使得系统的物理尺寸和成本大大降低。这一代技术推动了包含数百万晶体管的超大规模器件的发展。

这些巨大成就得益于 IC 工艺设备、设计工具和软件的发展。在过去的 15 年中，世界不仅见证了晶体管的特征尺寸（从 1000nm 到 45nm）的快速减小，而且见证了复杂的物理设计自动化工具的巨大创新。

当今 ASIC 物理设计的复杂性要求工程师兼具电气工程、计算机科学和 IC 工艺的背景。这种多样化的知识创造了一个新的工程学科——物理设计。今天的物理设计工程师应该熟悉 ASIC 设计实施阶段的所有方面，包括设计流程、库开发、布局和布线算法、验证和测试等方面。

本书以行业通用 ASIC 物理设计流程顺序进行编排，从 ASIC 库的一般概念开始，依次介绍布局、布线、验证及测试。涵盖的主题包括：

◆ 基本标准单元设计、晶体管尺寸和布局风格。

◆ 线性、非线性和多项式模型特征。

◆ 物理设计约束和平面布局风格。

◆ 用于布局的算法。

◆ 时钟树综合。

◆ 用于全局和详细布线的算法。

◆ 寄生参数提取。

◆ 功能、时序和物理验证方法。

◆ 功能、扫描、参数、存储器和并联模块测试。

与直接阐述深层次的技术不同，本书重点放在简短、清晰的描述上，抓住物理设计的本质，向读者介绍物理设计工程的挑战性和多样化领域。

霍斯鲁·戈尔山

工程部主任，Conexant Systems, Inc.

2006 年 12 月

目　录

第1章 库

良好的秩序是一切的基础

——埃德蒙·伯克

专用集成电路（ASIC）的物理设计需要各种类型的数据集或库。库是物理版图、抽象视图、时序模型、仿真或功能模型以及晶体管电路描述的集合。

库被认为是 ASIC 物理设计中最关键的部分之一，这些库及其相关视图和模型的准确性对最终设计制造的 ASIC 有很大影响。

标准单元库和 I/O PAD 库通常用于 ASIC 设计。此外，还可以使用存储器和自定义库。

存储器，如随机存取存储器（random access memory，RAM）或只读存储器（read-only memory，ROM）以及它们的布局、抽象视图、时序模型，通常从存储器编译器获得。

自定义库也称为知识产权（intellectual property，IP）库，是手动制作的具有特定功能的模块的集合，如锁相环（phase lock loop，PLL）、模数转换器（analog to digital converter，ADC）、数模转换器（digital to analog converter，DAC）和电压调节器（voltage regulator，VR）。

标准单元和 I/O PAD 是 ASIC 物理设计中最基本的模块，本章的重点是介绍标准单元和输出 PAD 的物理规范和时序生成，存储器和自定义库与标准单元库类似。

1.1 标准单元

标准单元是指基于单元的设计中用到的预先定义好的、特征化的具有通用接口实现和规则结构的基本构建模块。标准单元库是 ASIC 设计的基础，它的质量和性能对 ASIC 设计来说至关重要。随着制造工艺的进步和逻辑设计的日益复杂，布线产生的面积消耗在ASIC设计的整体面积消耗中所占比例越来越大，所用晶体管的总面积变得不再重要。因此，有必要最小化布线产生的面积消耗，而不是最小化标准单元所消耗的面积。由于大多数 ASIC 布线都是自动执行的，因此设计标准单元的大小非常重要，以使其适应布线工具对其进行布局和布线。

标准单元物理设计的基本步骤要从确定水平和垂直走线轨道开始。走线轨道用于引导工具进行标准单元之间的互连。原则上，前两个导电层（金属一层和金属二层）的宽度和间距用于设置适当的走线轨道间距。通常，有三种方法可以使用中心到中心的间距来计算走线轨道间距——线到线（d_1）、过孔到线（d_2）和过孔到过孔（d_3）：

$$d_1 = \frac{1}{2}w + s + \frac{1}{2}w \tag{1.1}$$

$$d_2 = \frac{1}{2}w + s + Via_{\text{overlap}} + \frac{1}{2}Via_{\text{size}} \tag{1.2}$$

$$d_3 = \frac{1}{2}Via_{\text{size}} + Via_{\text{overlap}} + s + Via_{\text{overlap}} + \frac{1}{2}Via_{\text{size}} \tag{1.3}$$

其中，w 为线宽；s 为线间距；Via_{overlap} 为重叠过孔（为满足设计规则，过孔周围需要添加的一部分金属线）大小；Via_{size} 为过孔大小。

这些方程之间的关系是：

$$d_3 > d_2 > d_1 \tag{1.4}$$

相比之下，线到线是进行整体最密布线理论上是最优的方式。然而，由于未考虑过孔到过孔和过孔到线，线与线之间的中心间距无法优化整体布线。过孔到过孔的中心间距满足所有线到线和过孔到线中心的要求，但由于导电层中的间距较大，整体布线不是最佳的。

实践证明过孔到线是最理想的。过孔到线符合所有导电层的间距规则，并呈现出最紧凑的整体布线。每种走线轨道中心间距示例如图 1.1 所示。

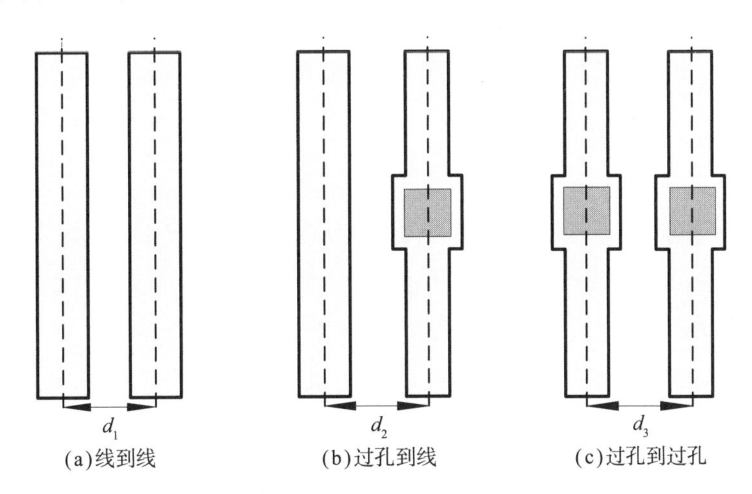

图 1.1 走线轨道中心间距

大多数设计工具要求标准单元的高度和宽度是垂直和水平走线轨道的整数倍。标准单元的高度在整个库中是相同的，但其宽度因其逻辑功能和驱动强度的不同而不同。

互补金属氧化物半导体（the complementary metal oxide semiconductor，CMOS）工艺的典型标准单元由沟道宽度为 W_n 的一行 NMOS（N 型晶体管）和沟道宽度 W_p 的一行 PMOS（P 型晶体管）组成，两种晶体管由 P 和 N 扩散（或有源）区间距隔开。

P 和 N 扩散区间距、PMOS 和 NMOS 晶体管的沟道宽度，以及电源（VDD）和接地（VSS）总线的宽度是确定标准单元高度的关键参数。图 1.2 显示了通用标准单元高度概念。

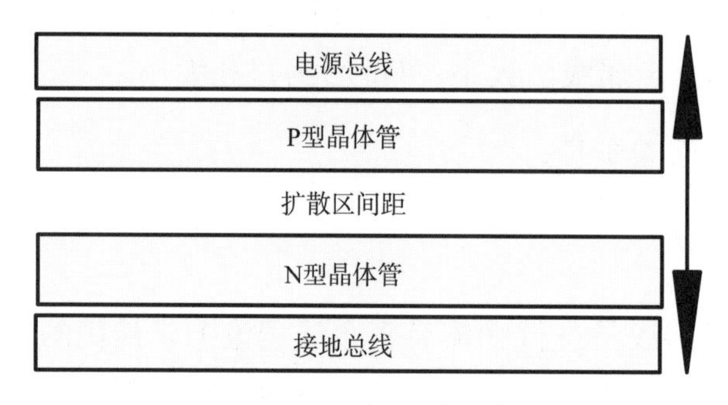

图 1.2　通用标准单元高度

一旦确定了垂直和水平走线轨道以及标准单元的高度，就可以将其用于创建走线轨道模板，以便在标准单元布局期间使用。

在物理设计期间，将布局规则转换为走线轨道模板，将轨道覆盖在标准单元布局上，可确保标准单元的实际物理布局及其物理端口位置满足布局布线工具布线要求。图 1.3 显示了由水平走线轨道和垂直走线轨道标记的走线轨道网格。

如前所述，确定标准单元高度的关键参数之一就是穿过标准单元顶部和底部的电源与接地总线的宽度。如果电源和接地总线层与第一水平布线层相同，则会对标准单元高度施加限制。这是因为电源和接地总线的宽度必须足够宽以提供足够的电流，电源和地线宽度的增加将影响标准单元高度。

例如，在 N 阱工艺中，电源总线必须接触 N 阱，接地总线必须与衬底接触。此外，电源和接地应完全连接（使用多个接触孔）。将电源和接地总线完全连接到 N 阱和衬底的主要优点是电阻较低。这种降低电阻的方法增强了标准单元对内部闩锁现象的抗扰性。因为电源和接地最小宽度由第一导电层（例如金属一层）的接触孔尺寸和重叠接触孔决定，所以电源和接地总线的宽度都需要足够大以避免违反物理设计规则。

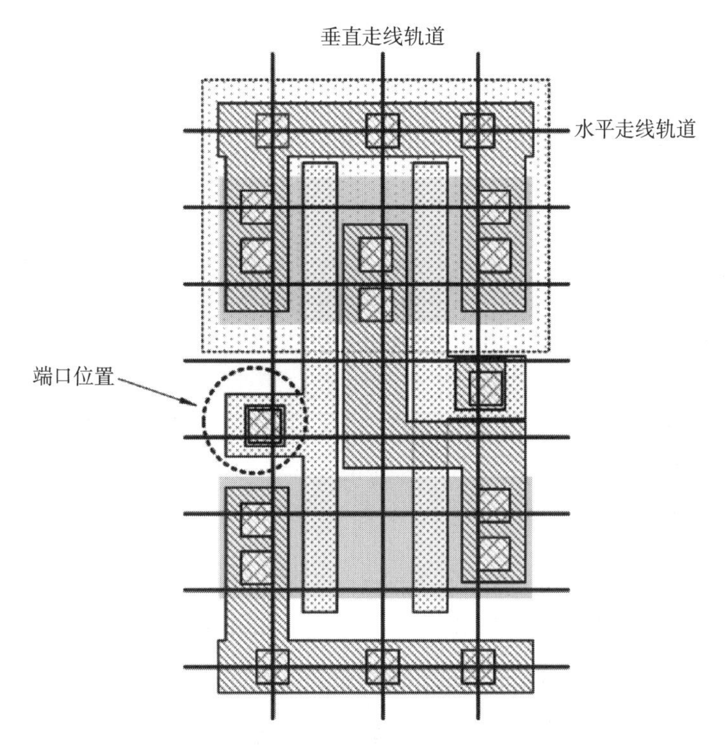

图 1.3 走线轨道网格

在当今的硅工艺中有更多的金属层可用，在标准单元物理设计中，可以使用交替布线方法，例如第一层金属垂直走线，第二层金属水平走线，这对标准单元物理设计是有利的。使用这种方法，第二层可用于内部标准单元晶体管上的电源和接地布线。对于数百万门的 ASIC 设计，需要大量电源布线资源以防止穿过芯片的电压下降，该技术可以在面积、性能和功耗方面提供更好的解决方案。为了处理各种电源要求，标准单元的电源和接地总线的宽度可以根据电源要求而变化，而不需要修改标准单元高度。

在标准单元布局中，应优先使用第一导电层，例如金属一层，尽可能使 NMOS 和 PMOS 晶体管的内部连接在标准器件内。必须尽量减少使用金属二层，因为这会极大地影响 ASIC 顶层布线。此外，所有内部节点电容都需要保持在最小值，大多数电容节点靠近电源和接地总线，以此减少体效应影响。体效应是一个动态问题，即当源极到阱（或体）偏置改变时，会改变晶体管（MOSFET）阈值电压。

标准单元物理布局的另一个关键因素是输入和输出端口的位置。标准单元端口需要使用第一导电层，并将其放置在水平和垂直走线轨道交叉的位置（参见图 1.3），允许设计工具从 X 和 Y 方向访问端口，这就是所谓的端口可达性，它缩短了布线期间工具的运行时间，并减少了总体物理设计规则违例，提高了布线的质量。

在标准单元库开发过程中，在相同类型的所有标准单元的布局之间建立共同的规则具有两个优点：

（1）允许使用优化软件，以进一步减少标准单元的面积，同时使标准单元库能够更容易地迁移到另一个过程节点（例如将标准单元库从一个设计规则迁移到另一个设计规则）。

（2）建立共同规则保证了标准单元之间的电参数的一致性。在处理物理器件设计中常见的限制和挑战时，这种电参数一致性将是有用的。此外，它在决定库中最大的 PMOS 和 NMOS 晶体管沟道宽度方面也发挥着重要作用。

一旦确定了 PMOS 和 NMOS 晶体管的沟道宽度及其沟道宽度的比率，就可以对齐排列单列 NMOS 和 PMOS 晶体管，以此来设计标准单元布局。理想的做法是将所有简单晶体管完全连续排列。

需要对多晶硅栅极进行设计，以通过共享源极和漏极区域来形成晶体管，从而使得它们之间的连接最大。最好将 NMOS 晶体管尽可能靠近接地总线，将 PMOS 晶体管靠近电源总线，这在电学性能上是有利的。

在将晶体管的源极和漏极连接到电源与接地总线时，应尽量减少单个接触孔的使用。最小化单个接触孔，并连接多个源极和漏极的接触孔可以降低源极 - 漏极电阻，并提高标准单元的电气性能。

对于由串联的晶体管组成的逻辑门（如 AND 逻辑），最小的晶体管应放置在靠近输出的位置，当晶体管接近接地或电源时，需要增大晶体管的大小。这将提高整体性能[1]，但会增加面积消耗。

在复杂器件的情况下，如触发器或布尔函数，多晶硅连接可用于非关键信号。避免 P 阱或 N 阱布线非常重要。P 阱或 N 阱布线有两个主要问题：

（1）材料具有高电阻。

（2）通常无法提取其寄生参数（如电阻）。

以上两个问题影响了模型与实际情况下的门参数的一致性。

目前的亚微米 CMOS 工艺本质上非常复杂。此外，很难将 ASIC 的实际制造期间使用的所有掩模和制造设计规则可视化展示在软件上。然而，在设计 CMOS 工艺的标准单元布局时，图 1.4 所示的一组最小设计规则就足够了。采用这种最小设计规则的原因是，当今的大多数标准单元在设计中最多使用第二层金属，使用更高的层，例如第三层金属，可能会造成布线障碍，在布线过程中导致局部布线拥塞。

在标准单元开发的早期，标准单元的面积备受关注，因此物理设计目标是将标准单元设计得尽可能小，这主要是由于多晶硅线宽（2μm）大于金属线宽。功率和噪声等电气参数不是一个重要因素，它们对总体设计性能没有太大影响。

Minimum width of a nwell
Minimum space between two nwell of the same potential
Minimum area of nwell

Minimum width of diffusion to define NMOS/PMOS width
Minimum width of diffusion for interconnect
Minimum space between diffusion regions

Minimum overlap of nwell over P+ region inside nwell
Minimum clearance from nwell to P+ region outside nwell
Minimum area of diffusion

Minimum width of a poly for channel length of MOS transistor
Minimum width of a poly for interconnect
Minimum clearance from diffusion to poly on field oxide
Minimum space between two poly on field oxide area
Minimum poly extend into field oxide (end-cap)
Minimum poly area

Contact size
Contact spacing
Minimum space of contact on diffusion to poly
Minimum space of contact on poly to diffusion

Maximum width of metal1
Minimum extension of metal1 over contact
Minimum metal1 space
Minimum metal1 area

图 1.4 最小设计规则设置

在当今的先进工艺中，多晶硅线宽变得非常窄，整个 ASIC 芯片面积主要由布线面积决定。因此，其性能受到噪声注入和功耗的影响。考虑到功耗、总体噪声抗扰度，需要确保 PMOS 和 NMOS 晶体管的沟道宽度足够大，并且适当设置它们的比率以提供最佳性能。因此，应该注意到，标准单元布局设计应在抗噪声性能、功耗和整体性能方面优化晶体管，而不是优化晶体管以实现更小的面积。

标准单元的物理设计中的另一个考虑因素是决定外部容性负载的驱动能力的输出级晶体管的大小。每种门电路需要具有多种驱动强度。在所有门的类型上，这些驱动强度必须有相同的规则，并且需要随着输出电容的增加而单调增加。

对于门尺寸为130nm及以下的工艺节点，用于图案化关键尺寸（例如多晶硅栅极和第一导电层）的经典掩模生成不再能够产生正确的结果。这主要是因为在极窄宽度几何形状的晶圆印刷期间，入射光源相互干扰，导致不正确的曝光。图1.5显示了这种晶圆印刷问题的原因。

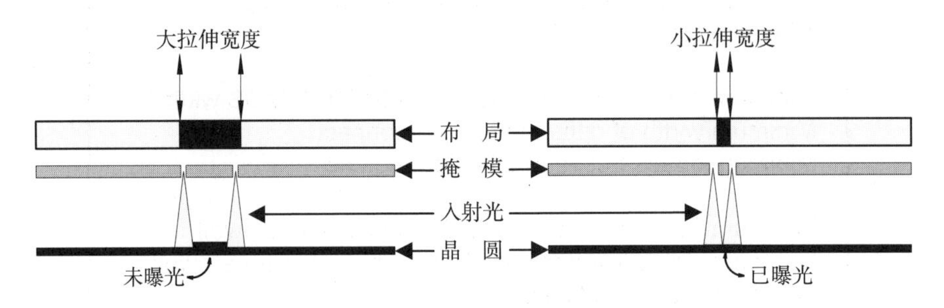

图 1.5　有问题的晶圆印刷图示

为了解决深亚微米晶圆印刷问题，今天的许多半导体厂商正在使用一种新的掩模生成方法——相移掩模（PSM）。PSM技术创建了两种不同的入射光源：一种为0°相移，另一种为180°相移，以印刷极窄宽度的几何图形。图1.6显示了PSM技术的基本概念。

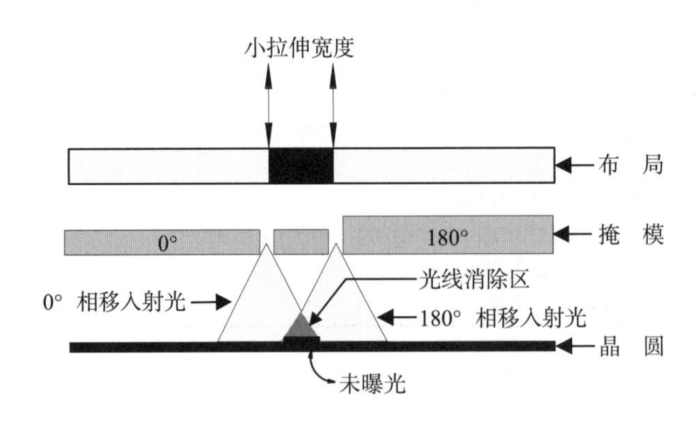

图 1.6　PSM 技术的基本概念

尽管PSM曝光技术在深亚微米工艺的光刻工艺中具有显著的优势，但它有自己的问题——相位冲突。这种冲突是由于无意中连接了两个相位相反的光传输区域。通常，这两种光的破坏性干涉会在晶圆上产生错误结果。

为了解决这一问题，目前有许多可用的PSM的改进方案。在这些替代方案中，互补相移掩模（CPSM）技术已经证明了其显著改善曝光窗口的能力，并被主要厂商选择用于深亚波长光刻工艺[2]。

在标准单元布局电路的最终检查中，为了防止由于光刻工艺而导致的任何晶圆印刷问题，设计者应使用诸如光学过程校正（OPC）模拟器之类的查看软件，该软件在掩模和晶圆上呈现物理形状。这允许在整个过程的早期就能检测到一些与设备制造相关的问题，从而更容易进行校正。

从电路设计的角度来看，目标是选择 PMOS 和 NMOS 晶体管的沟道宽度 W_p 和 W_n 及其相应的比率，以便为给定的 CMOS 工艺提供最大性能。W_p 和 W_n 的正确选择对功率耗散、抗噪声性能、传播延迟和标准单元面积等参数有很大影响。

优化电特性和最小化标准单元面积的一种方法是使用诸如反相器、NAND 和 NOR 门等基本功能的初步物理布局来计算平均传播延迟，并将计算的传播延迟与 PMOS 和 NMOS 晶体管沟道宽度的各种比率（W_p/W_n）相关联来对比。

为了实现最佳平均传播延迟（t_p），需要精确定义这些晶体管的沟道宽度及其比率，并为 NMOS 和 PMOS 晶体管获得适当低到高（t_{pLH}）和高到低（t_{pHL}）的传播延迟，平衡面积与延迟两个性能。

标准单元的平均传播延迟 t_p 定义为

$$t_p = \frac{t_{pLH} + t_{pHL}}{2} \tag{1.5}$$

在同等大小的 PMOS 和 NMOS 晶体管的理想情况下，上升时间（t_r）和下降时间（t_f）的值近似为

$$t_r \approx 3t_{pLH} \tag{1.6}$$

$$t_f \approx 3t_{pHL} \tag{1.7}$$

t_{pLH} 和 t_{pHL} 参数的值被认为是固有值，并且与标准单元的拓扑结构直接相关。这些参数决定了系统对输入函数的响应，并以时间单位表示。

t_r 和 t_f 的值被认为是外部值，取决于外部负载。这些参数决定了系统输出响应在时间上的斜率，并与标准单元的驱动强度能力（单位负载电容充电和放电的时间）相关。

1.2 晶体管尺寸

晶体管尺寸或适当的 W_p/W_n 对任何给定标准单元的内在和外在行为都有直接影响。从电参数的角度来看，CMOS 器件的开关速度取决于容性负载（capacitive load，Cl）充电和放电所需的时间。上升时间、下降时间和传播延迟这三个主要的时间参数与 CMOS 器件相关。在讨论这些参数时，通常使用反相器的系统响应。图 1.7 显示了反相器的系统响应。

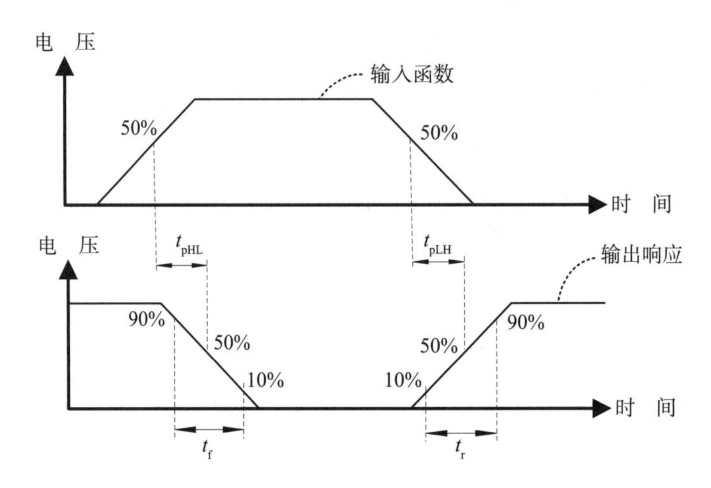

图 1.7 反相器的系统响应

如图 1.7 所示，上升时间是对输出容性负载充电所需的时间，下降时间是输出容性负载放电所需的时间。上升和下降时间通常指从波形稳定值的 10% 到 90% 或 90% 到 10% 所需的时间。

传播延迟是输入转变过程中波形在稳定值的大约 50% 的时刻和输出转变过程中的大约 50% 时刻之间的时间差。如果输入波形从零变为电源电压（V_{DD}）或从电源电压（V_{DD}）变为零，则低到高和高到低传播延迟分别为[3]

$$t_{pLH}=\frac{C_1V_{DD}}{I_p}=\frac{C_1V_{DD}}{\beta_p\left(V_{DD}-\left|V_{tp}\right|\right)^2} \tag{1.8}$$

$$t_{pHL}=\frac{C_1V_{DD}}{I_n}=\frac{C_1V_{DD}}{\beta_n\left(V_{DD}-\left|V_{tn}\right|\right)^2} \tag{1.9}$$

其中，β_n、V_{tn} 和 β_p、V_{tp} 分别是 NMOS 和 PMOS 晶体管的增益因子和阈值电压。

从式（1.8）和式（1.9）可以清楚地看出，为了改善给定标准单元的传播延迟，可以：

（1）增加电源电压。

（2）降低阈值电压。

（3）增加晶体管增益因数。

（4）减小负载电容。

降低负载电容或增加电源电压是标准单元的外部因素，将在第3章中讨论。

阈值电压的降低取决于半导体厂商的工艺（即多阈值电压工艺），并且是标准单元参数的一部分，而不是标准单元物理设计的一部分。因此，电路设计者唯一可用的参数是增加增益因子。

PMOS与NMOS晶体管沟道宽度 W 和沟道长度 L 及增益因子 β 关系如下：

$$\beta_{p}=\left(\frac{\mu_{p}\varepsilon}{t_{ox}}\right)=\left(\frac{W_{p}}{L}\right) \tag{1.10}$$

$$\beta_{n}=\left(\frac{\mu_{n}\varepsilon}{t_{ox}}\right)=\left(\frac{W_{n}}{L}\right) \tag{1.11}$$

其中，参数 ε 和 t_{ox} 是晶体管的栅极氧化物介电常数和厚度；参数 μ_n 和 μ_p 是与PMOS和NMOS晶体管相关的载流子迁移率，具有如下关系：

$$\mu_{n}\approx 2\mu_{p} \tag{1.12}$$

在CMOS工艺中，因数项（$\mu\varepsilon/t_{ox}$）通常被称为过程增益。

晶体管的沟道长度 L 和过程增益对于给定工艺是固定的，为了确定晶体管的期望上升和下降时间，需要适当地选择晶体管的沟道宽度。

在确定沟道比率 W_p/W_n 时，需要设置

$$\beta_{n}\approx k\beta_{p} \tag{1.13}$$

将式（1.10）、式（1.11）和式（1.12）代入式（1.13），得出

$$\left(\frac{2\mu_{p}\varepsilon}{t_{ox}}\right)\left(\frac{W_{n}}{L}\right)=k\left(\frac{\mu_{p}\varepsilon}{t_{ox}}\right)\left(\frac{W_{p}}{L}\right) \tag{1.14}$$

$$\left(\frac{W_{p}}{W_{n}}\right)=\frac{2}{k} \tag{1.15}$$

在理想情况下，k 等于 1。这意味着，对于 CMOS 反相器，对容性负载进行充电和放电的时间相同，PMOS 晶体管的沟道宽度必须是 NMOS 晶体管沟道宽度的两倍。然而，在实践中，k 的值可能大于 1。

虽然增加 W_p/W_n 值减少了器件传播延迟，但也增加了有源区电容和门电容。电容的增加会对门电路的速度产生不利影响，因此，电路设计者必须在确定晶体管的大小时做出权衡以使其传播延迟达到最佳（即最佳 k 值）。

反相器没有外部负载（即输出端没有导线电容），因此输出负载大致为

$$C_l = C_n + C_p \tag{1.16}$$

其中，C_p 和 C_n 分别是 PMOS 晶体管和 NMOS 晶体管的源极和漏极与有源区之间的电容。

如果 PMOS 晶体管比 NMOS 晶体管大几倍（$W_P = kW_n$），则输出负载可以表示为

$$C_l = C_n + kC_n = (1+k)C_n \tag{1.17}$$

将式（1.8）、式（1.9）、式（1.10）和式（1.11）代入式（1.5），假设电源电压远大于阈值电压，则传播延迟近似为

$$t_p = \frac{C_n(1+k)}{2V_{DD}}\left[\frac{t_{ox}L}{k\mu_p\varepsilon W_n} + \frac{t_{ox}L}{\mu_n\varepsilon W_n}\right] \tag{1.18}$$

要寻求 k 的最佳值，需要设置

$$\frac{\partial t_p}{\partial k} = 0 \tag{1.19}$$

并求解 k：

$$k_{opt} = \sqrt{\frac{\mu_n}{\mu_p}} \tag{1.20}$$

此外，如果具有外部负载的反相器包括导线电容和其他标准单元输入门电容，则可以基于允许的最大负载电容来计算 k 的最佳值。在逻辑和物理综合期间，该最大负载也可以用作标准单元库中的约束，以防止器件输出过载。

基于最大电容 C_{max}，重新评估式（1.18），得出

$$k_{\text{opt}} = \sqrt{\frac{(C_{\text{n}} + C_{\max})\mu_{\text{n}}}{C_{\text{n}}\mu_{\text{p}}}} = \sqrt{\left(1 + \frac{C_{\max}}{C_{\text{n}}}\right)\frac{\mu_{\text{n}}}{\mu_{\text{p}}}} \tag{1.21}$$

如果 $C_{\max} >> C_{\text{n}}$，则式（1.19）可近似为

$$k_{\text{opt}} = \sqrt{\left(\frac{C_{\max}}{C_{\text{n}}}\right)\left(\frac{\mu_{\text{n}}}{\mu_{\text{p}}}\right)} \tag{1.22}$$

1.3 输入/输出PAD

ASIC 设计中最关键的元素之一是输入 / 输出（I/O）PAD 的设计。I/O PAD 结构设计对工程师的电路设计专业知识和 ASIC 设计的工艺知识具有极高的要求。

I/O PAD 电路将 ASIC 核心逻辑中使用的信号电平转换为 ASIC 外部使用的信号电平。此外，I/O PAD 电路对电源和接地电路进行钳位，以限制与 ASIC I/O PAD 的外部连接处的电压。这种钳位减少了信号过冲并防止静电放电（ESD）造成损坏。

ASIC I/O PAD 有三种类型：

（1）通用 I/O PAD。

（2）电源 / 接地 PAD。

（3）专用 I/O PAD。

通用 I/O PAD 是结合输入接收器和 PAD 开口（即用于连接键合线的 PAD 区域）的简单三态（零、一、高阻抗）输出缓冲器，如图 1.8 所示。

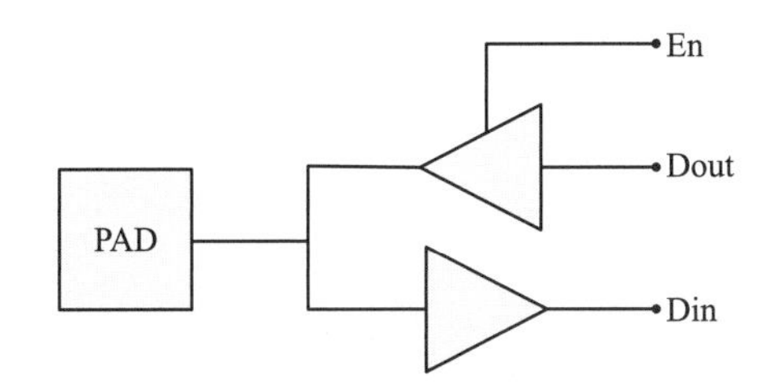

图 1.8 通用 I/O PAD

通用 I/O PAD 提供了许多选项，例如：

（1）输出缓冲电压可以是 3.3V、2.5V、容限 –5V 等。

（2）输出缓冲电流驱动能力可为 2mA、4mA 等。

（3）输出缓冲器可设计以限制信号转换速率。

（4）可以省略输出缓冲器（输入 PAD）。

（5）PAD 可能具有上拉电阻器或下拉电阻器。

（6）输入接收器检测电平可以是 TTL 1.4V、CMOS 0.5V 等。

（7）输入接收器可能具有滞后（施密特触发器）。

（8）可以省略输入接收器（输出 PAD）。

组合各种选项可以产生大量通用 I/O PAD 类型。通过 ASIC 核心逻辑选择和控制一些选项，可以减少 I/O PAD 类型的数量。这减少了需要建模的 I/O PAD 的数量，但增加了模型的复杂性。

电源 / 接地 PAD 提供各种到 ASIC 电源和接地总线的连接。从 PAD 到电源 / 接地总线或从 PAD 到 ASIC 核心的金属连接线应尽可能宽，并尽可能多地设置在金属层上，以最小化其电阻并最大化载流容量。

因为不需要其他电路，所以电源 / 接地 PAD 中的区域通常用于仅与电源总线相关而不与任何特定信号引脚相关的特殊 ESD 钳位电路。图 1.9 显示了带有内置 ESD 保护电路的 I/O 电源 PAD 和核心电源 PAD。

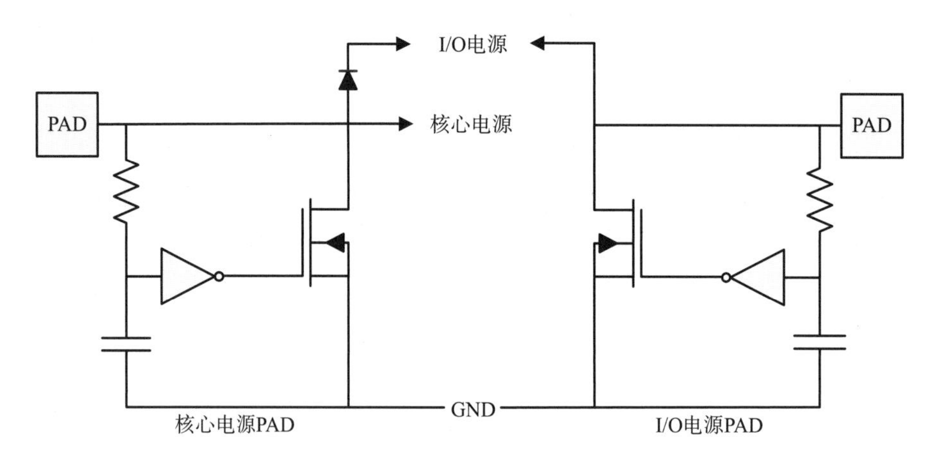

图 1.9 I/O 电源 PAD 和核心电源 PAD

专用 I/O PAD 包括具有特殊或特别严格要求的器件，或者主要是模拟电路的器件，比如晶体振荡器、通用串行总线（universal serial bus，USB）收发器、外围部件互连（peripheral component interconnect，PCI）总线、低压差分信号（low-voltage differential signaling，LVDS）以及隔离模拟信号、电源 / 接地器件。专用 I/O PAD 的布局样式通常与通用 I/O PAD 非常相似，但其电路设计更为关键。

I/O PAD 的输出缓冲部分由预驱动器（pre-driver）和驱动器（driver）组成。预驱动器定义了 PAD 功能，驱动器只是连接到 PAD 的大型反相器。

预驱动器包含电平移位器电路，将 ASIC 核心的信号电平转换到 I/O PAD 的信号电平。图 1.10 显示了典型的 I/O PAD 逻辑。

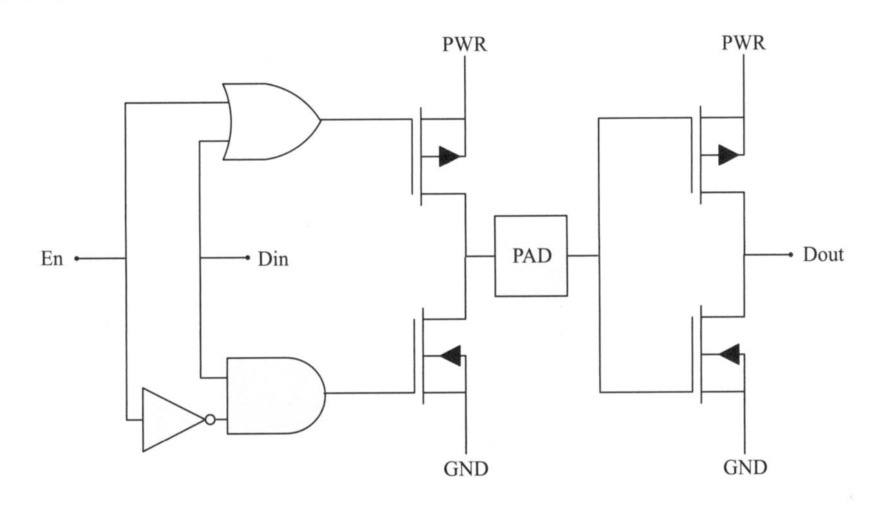

图 1.10 典型的 I/O PAD 逻辑

在图 1.10 中，来自 ASIC 核心的输出连接到 Dout，进入 ASIC 核心的输入连接到 Din，控制逻辑（即输入或输出方向）由使能线 En 控制。

在 I/O PAD 的设计过程中，需要权衡预驱动器部分的传播延迟和噪声灵敏度之间的关系。高速预驱动器在运行过程中可能会导致电流尖峰。这些电流尖峰会引起电源上的噪声，特别是当大量输入和输出信号同时切换时。这可能需要通过对摆率的控制来减慢预驱动器。

电流尖峰的另一个潜在来源是驱动器 NMOS 和 PMOS 晶体管是否同时短暂导通。这个问题可以通过调整信号到晶体管栅极终端的时间来防止，以确保每个晶体管在另一个晶体管导通之前关闭。由于连接到驱动晶体管的电源受到大电流尖峰的影响，会产生一定的噪声，因此通常将这些电源与 ASIC 核心上的所有其他电源隔离。

通常，预驱动器被设计为满足最慢和最快的 ASIC 设计条件。在慢速情况下，如果预驱动器速度太慢，则会出现数据依赖抖动。当预驱动器输出电压在数据周期时间内未达到全电源电压电平时，就会发生这种数据依赖抖动。另一方面，在快速情况下，预驱动器具有高电流消耗和急剧瞬变，这会同时导致开关噪声。因此，必须平衡这两个条件或约束（即快和慢），以实现正确的 I/O PAD 操作。

虽然通用 I/O PAD 的电路设计很直接，但由于需要处理大电流，布局将很复杂。在输出转换期间，当外部电容快速充电和放电时，会出现大电流。

当信号过冲和钳位二极管正向偏置时，也会出现大电流。此外，当高电压通过 ESD 保护装置快速放电时，会出现大电流。

I/O PAD 内的各种电流路径应具有合适的金属宽度和过孔数量，以适应基于可接受的产品可靠性（即产品寿命）的最大电流密度。

每个 I/O PAD 的电流路径的总电阻应保持较低，以最小化电压降。由于目前没有可用于验证 I/O PAD 电流路径的自动化设计规则，因此需要仔细规划、良好布局和手动检查。

直接连接到 PAD 的 NMOS 晶体管、PMOS 晶体管及二极管的布局具有特殊的设计规则。比如使用的接触孔到栅极间距、P 阱 /N 阱交叠接触孔以及栅极宽度 / 长度等更多的设计规则。此外，还需要在 PAD 和晶体管漏极之间插入电阻，并遵守放置浮栅和闩锁保护环的一般规则。

与电流路径验证相似，没有物理验证工具可以验证设计是否符合一些设计规则，例如电气规则等，是没有工具可以验证的，因而，小心地模拟和合适的布局风格是必需的，例如布局要独立于 ESC 结构，这意味着在 I/O PAD 设计中，仅拥有物理验证过的布局并不能保证成功。

传统上，I/O PAD 具有恒定的长度和宽度。最小 PAD 间距决定 I/O PAD 宽度。所谓 PAD 间距是指从一个 PAD 上的点到相邻 PAD 上相同点的间距。

实际上，PAD 间距和 PAD 开口尺寸由封装工具的机械限制和用于晶圆级测试 ASIC 的测试设备的探针直径来决定。

最常见的是，I/O PAD 被放置在 ASIC 核心边缘，或者以单行排列，或者以两行交错排列。在这两种情况下，I/O PAD 的电路并排放置在一行中。PAD 本身可以是 I/O PAD 单元的一部分，也可以是单独的单元。

对于 pad-limited 的 ASIC，PAD 间距应尽可能小，以减小芯片尺寸；对于 core-limited 的 ASIC，可以使用更大的 PAD 间距，这通常允许更宽松的 I/O PAD 高度。

I/O PAD 高度取决于 NMOS 晶体管和 PMOS 晶体管及其相关 ESD 保护装置的尺寸、预驱动器和输入接收电路所需的面积、电源和接地总线的宽度、浮栅、保护环以及闩锁抗扰性所需的其他空间。

I/O PAD 尺寸由标准尺寸 I/O PAD 中具有最大电路的单元确定。如果需要，可以制作一些特别大的 I/O PAD，其宽度大于标准 I/O PAD 宽度。

I/O PAD 设计的一个重要部分是 ESD 保护电路的设计。图 1.11 显示了通用 I/O PAD 的基本 ESD 保护电路。

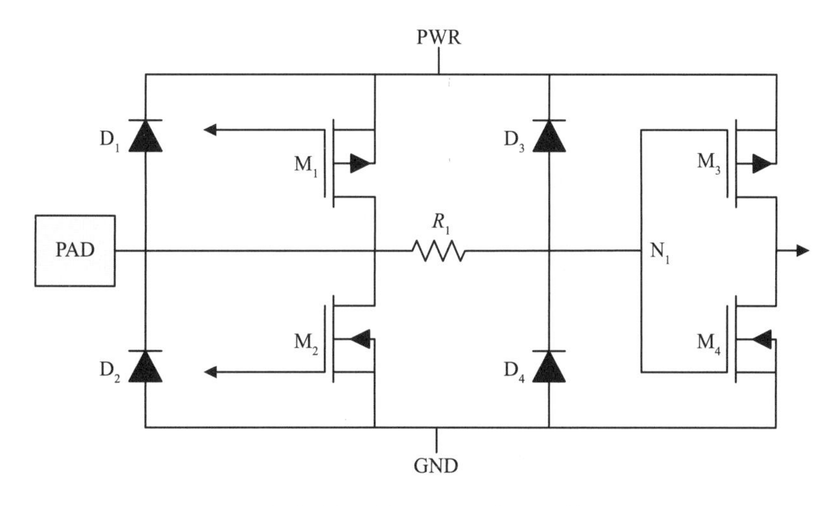

图 1.11 基本 ESD 保护电路

如果 PAD 上的电压上升到功率电平以上或下降到接地电平以下，则两个主钳位二极管 D_1 和 D_2 将导通。电阻器 R_1 和节点 N_1 处的电容产生 RC 时间常数，以减缓到 PMOS 晶体管 M_3 和 NMOS 晶体管 M_4 的栅极的高速 ESD 尖峰。这允许钳位装置有时间打开并防止损坏 M_3 和 M_4 的栅极。电阻器 R_1 可以使用非硅化物多晶硅；P 阱或 N 阱具有 100 ~ 1000Ω 范围内的值。当处理高速输入 PAD 时，该电阻器和相关的 RC 延迟会带来设计上的挑战。

通常，二极管 D_1 和 D_2 没有被明确地画出，而是以晶体管 M_1 和 M_2 的漏 – 体结存在。晶体管 M_1 和 M_2 可以是主 ESD 钳位器件。在这种情况下，晶体管的漏极、体极和源极形成了一个双极晶体管，称为骤回器件（snapback device）。当骤回器件的电压和电流达到触发电压和电流时，电压将骤回至较低水平，并且器件的电阻变得非常低。当骤回仅局限于整个沟道区域的一部分时，这种情况很容易损坏晶体管。因此，从 PAD 到沟道区域的所有部分的电阻必须尽可能均匀，以确保整个通道同时进入骤回模式。晶体管布局使用多个分指，具有相同金属宽度、相同的接触孔到栅极间距等参数。

除了 I/O PAD 内的 ESD 保护电路外，还有其他钳位器件将各种电源和接地总线彼此耦合。当连接具有相同电压的两个电源时，这些钳位装置可以是简单的二极管，例如从一个数字接地到一个隔离的模拟接地的情况。

对于电源和接地之间的钳位，如图 1.12 所示，单个晶体管可以用作骤回器件，也可以用于更复杂的电路，例如二极管堆（用于低压电源）或具有瞬态检测电路的大型晶体管。

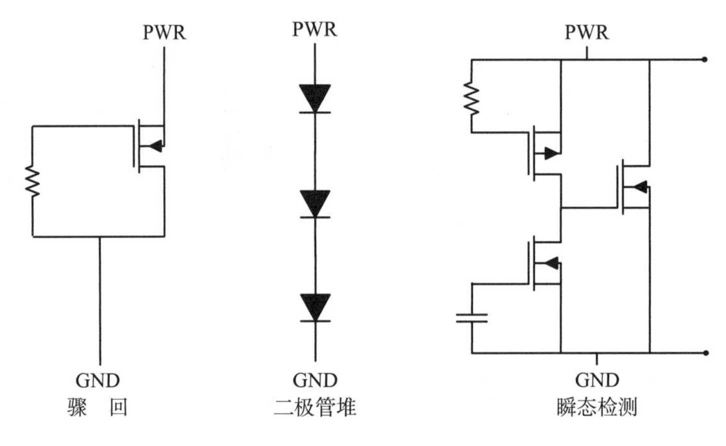

图 1.12 电源 ESD

ESD 可能导致 ASIC 设计不良的 I/O PAD 失效。该故障机制主要由三个物理因素引起——人体、带电器件和 / 或 ASIC 装置的机器操作。这些物理因素可以被建模为[4]：

（1）人体模型（human body model，HBM），将带电人体的影响捕捉到 ASIC 中。

（2）带电器件模型（charge device model，CDM），捕捉自充电和自放电效果。

（3）机器模型（machine model，MM），捕捉因机器操作而产生的充电效果。

未来工艺技术的进步将产生更薄的氧化物层、更窄的导电层线宽和更浅的结晶体管，这将使 ASIC 器件更容易受到 ESD 损坏。

I/O PAD 的另一个设计方面是其对闩锁问题的抗扰性。与标准单元相比，I/O PAD 中的这个问题更严重。这是因为信号过冲导致晶体管漏 - 体二极管正向偏置，导致电流流过衬底。

闩锁现象是众所周知的，并且是批量 CMOS 工艺所固有的。这种效应的结果是电源线和接地线之间的短路，这可能导致 ASIC 自毁和系统电源故障。

在 I/O PAD 电路设计过程中，最常见的做法之一是分离 NMOS 和 PMOS 晶体管，并用适当的阱和保护环将它们包围。

图 1.13 显示了围绕 PMOS 和 NMOS 晶体管的 N+ 阱、P+ 阱和保护环。直接连接到 PAD 的输出驱动器晶体管在各自的保护环内隔离。

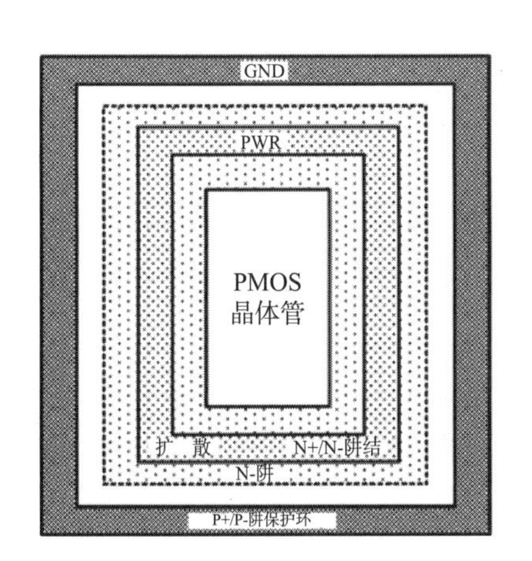

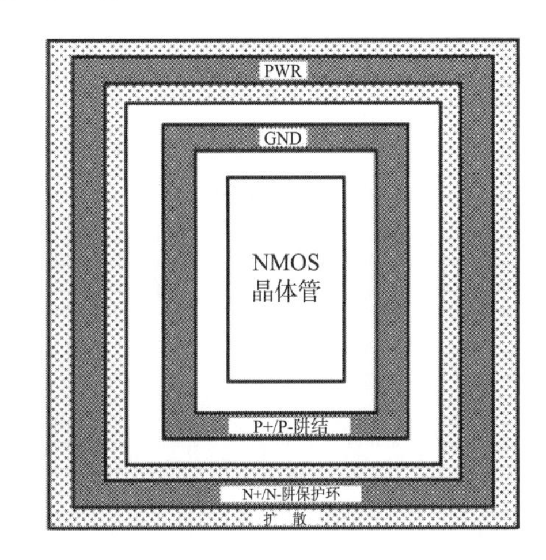

图 1.13 N+ 阱、P+ 阱和保护环

预驱动器和输入接收器晶体管由 PMOS 和 NMOS 分组，并且每种类型都与其他类型以及输出驱动器晶体管隔离。如果 N 阱连接到信号而不是电源（例如 N 阱电阻器），则在物理验证（例如闩锁规则验证）期间，应将其视为 N 型扩散。

1.4 库参数化

库参数化是指为标准单元、I/O PAD 或任何自定义库生成时序模型。大多数时候，这些时序模型是通过自动化生成的。用于此目的的软件工具通常可从专门从事库参数化的 EDA 公司获得。

参数化工具采用用户定义的输入波形，并在多种条件下执行各种晶体管级电路模拟，以生成库中每个元件的电路响应。生成的电路响应将经过一些数据处理，以生成时序模型，用于导入逻辑综合、布局布线以及逻辑仿真工具。

在时序模型生成过程中，有两个重要参数——传播延迟和转换延迟。使用这两个参数，总器件延迟可以计算为：

$$d_{\mathrm{LH}} = t_{\mathrm{pLH}} + t_{\mathrm{r}} \tag{1.23}$$

$$d_{\mathrm{HL}} = t_{\mathrm{pHL}} + t_{\mathrm{f}} \tag{1.24}$$

计算总器件延迟 d_{LH} 和 d_{HL}，可以选择如下几种方法：

（1）线性或标量延迟模型。

（2）非线性延迟模型。

（3）多项式延迟模型。

（4）电流源延迟模型。

在线性或标量延迟模型中，总器件延迟仅是输出电容的函数，如图 1.14 所示。

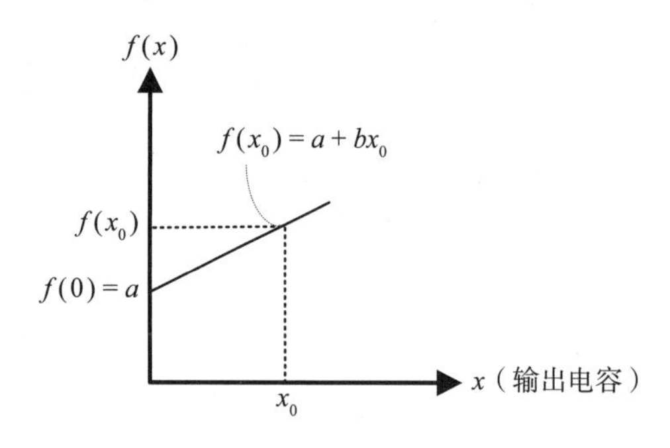

图 1.14 线性延迟模型

在该方法中，低到高和高到低的传播延迟是固定的，上升和下降时间是输出电容的线性函数。此函数关系可以表示为

$$f(x) = a + bx \tag{1.25}$$

其中，$f(x)$ 为总器件延迟，是输出电容 x 的函数，$f(0) = a$ 表示零负载时的总器件延迟，斜率 b 被认为是器件驱动强度，乘积项 bx 可以被视为上升时间 t_{r} 或下降时间 t_{f}。

在非线性延迟模型中，波形的输入转换时间的影响被包括在器件延迟计算中。有两种方法用于表达这种类型的延迟模型——器件延迟和传播延迟：

（1）在器件延迟模型中，分别规定了 t_{pLH}、t_{pHL}、t_{r} 和 t_{f} 的值。例如，总器件延迟可以表示为从输入 50% 阈值到输出 50% 阈值的延迟，并且转换延迟表示为从 10% 到 90% 的转换时间。在这种方法中，t_{pLH} 和 t_{pHL} 的值表示标准单元从输入到输出的整个延迟，而不加上 t_{r} 和 t_{f} 的值。t_{r} 和 t_{f} 的值仅用作计算下一个器件延迟的变量。

（2）在传播延迟模型中，总器件延迟被指定为 t_{pLH}、t_{pHL}、t_{r} 和 t_{f} 的总和。例如，在图 1.7 中，总器件延迟是从输入 50% 阈值到输出 10% 阈值的延迟，转换延迟是输出从 10% 上升到 50% 所需的时间。因此，t_{pLH} 和 t_{pHL} 的值是根据从输入到输出转变开始起产生的器件延迟来计算的。

上升和下降时间是输出波形达到开关阈值所需的时间。考虑到标准单元输入端的输入转换效应，器件的总延迟可以表示为

$$f(x, y) = a + bx + cy + dxy \tag{1.26}$$

其中，$f(x, y)$ 是总器件延迟，y 是输入转换时间，x 是输出电容。系数 a、b、c 和 d 体现了观察延迟的 4 个不同角度，如图 1.15 所示

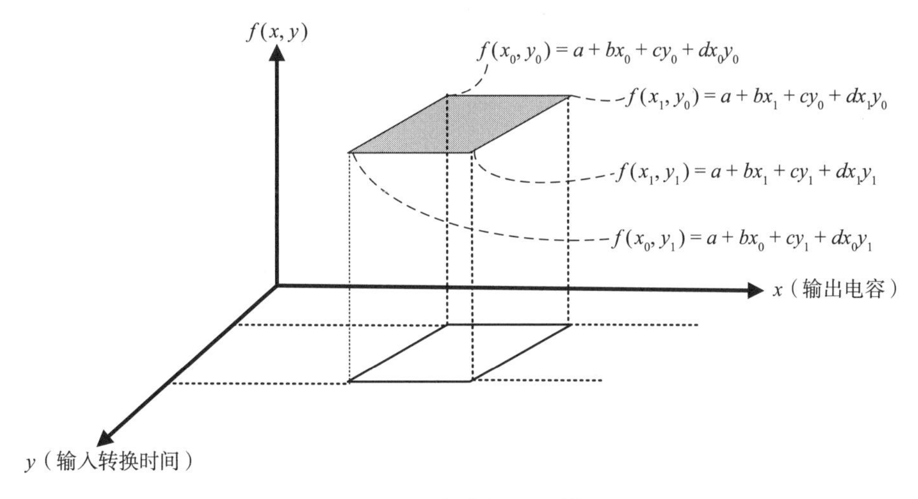

图 1.15 非线性延迟模型

有趣的是，在讨论这种模型时，如果输入转换延迟与总器件延迟相比较大，则传播延迟变为负。当输出在输入达到逻辑开关阈值电压之前发生变化时，就可能会产生这种负延迟时间。尽管这个负值令人担忧，但只要器件延迟是正值，这就不是问题。因此，在使用此类模型时，需要仔细进行模型验证。

为了使用非线性模型生成给定标准单元的时序模型，可以执行电路仿真以测量各种输入转换时间和输出电容对应的传播延迟。

例如，对于 6 个不同的输入转换时间和 6 个输出电容，需要进行 36 个电路仿真。这些生成的结果随后被存储以供静态时序分析工具使用。

存储的表中不包含 6 个输入之外的其他数据，因而时序分析工具使用表内的延迟数据，使用插值来对表外的数字进行外推，这一概念如图 1.16 所示。

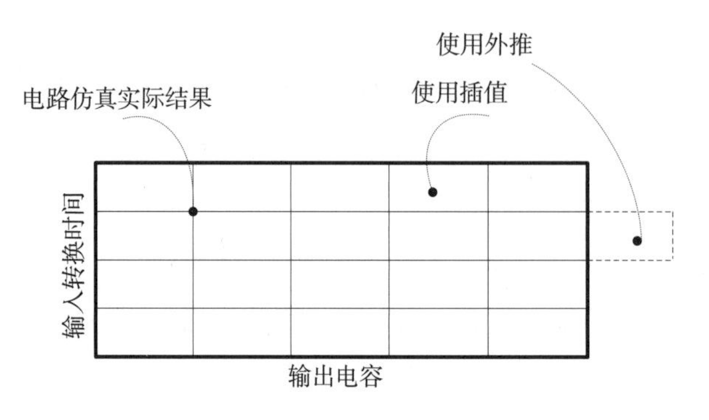

图 1.16 非线性延迟表

与输入转换时间和输出电容相对应的行和列的数量在静态时序分析中起着重要作用。表越大，参数化需要的时间就越长。

在开始参数化之前，需要选择表中使用的输入转换时间和输出电容的值，以涵盖大多数实际情况，避免时序分析工具的外推超出表格。超出表格范围的外推可能导致不准确的结果。

不能实现超出表格范围的外推是该模型的根本问题，因为它过于依赖目前的信息（例如表的输入数据），而忽略了实际数据的更广泛趋势。当需要使用表中的区域外的传播延迟时，该模型不适用于外推。

需要注意的是，非线性项 xy 的重要性随着选择的输入转换时间和输出电容数量或网格大小的增加而降低。因此，式（1.26）可以近似为

$$f(x, y) = a + bx + cy \tag{1.27}$$

式（1.27）倾向于更精确地在表外进行外推，而不是在表内进行插值（即大网格尺寸）。线性和非线性模型都无法适应外部条件变量（如温度、工艺和电压）的变化。今天的大多数标准单元库的参数化是在特定的条件下进行的。

例如，对于 7（输入转换时间）×7（输出电容）表，需要 49 个电路仿真来计算温度、工艺和电压（例如最小、标称和最大）的各种条件下的传播延迟。这是当今标准单元库所需的最简单形式的时序模型，即使用最小、标称和最大条件进行大多数 ASIC 设计分析。

由于工艺参数和电源电压变化范围很大，以及线性和非线性延迟模型的静态性质，这些模型不再足以对深亚微米工艺的延迟进行建模。为了解决这个问题，提出了多项式延迟模型，该时序延迟模型采用以下形式：

$$f(x, y, w, z) = \sum_{d=0}^{o} \sum_{c=0}^{n} \sum_{b=0}^{m} \sum_{a=0}^{l} K_{\text{abcd}} x^a y^b w^c z^d \tag{1.28}$$

其中，x、y、w 和 z 分别表示总器件延迟、输入转换时间、输出电容和电压。

数学上，各项的顺序（即 l、m、n 和 o）和 K_{abcde} 系数的评估使这种模型的主要计算复杂化。根据所需的精度，l、m、n 和 o 的值为 20 或更大。

可以使用最小二乘法曲线拟合来计算 K_{abcde} 系数。这意味着必须确定 K_{abcde} 系数，以使在采样点 i 处的测量值 f_i 和计算值 $f(x_i, y_i, w_i, z_i)$ 之间的差值最小化，这可以表示为

$$\delta = \sum_{i=1}^{n} \left[f_i - f\left(x_i, y_i, w_i, z_i\right) \right]^2 \tag{1.29}$$

为了最小化误差值 δ，式（1.29）的一阶导数必须相对于系数 K_{abcde} 为零：

$$\frac{\partial \delta}{\partial K} = 0 \tag{1.30}$$

扩展式（1.29）可以得到一个非线性方程组，其可以通过诸如非线性最小二乘法的数值计算来解决。

K_{abcde} 系数的值被选择为使得函数 δ 取其最小值，如果误差遵循正态概率分布，则 δ 的最小化可以使得系数达到最佳估计[5]。

与多项式延迟模型类似，电流源建模（current source modeling，CSM）是另一种基于方程的预测器件时间延迟的新方法。使用 CSM 延迟建模技术有两个主要优点：

（1）与多项式延迟建模相比，CSM 简单得多，并且提供了相同水平的精度。多项式延迟建模的难点是使用具有有限数量变量和系数的多项式方程来拟合硅中的实际非线性纳米效应。另一方面，CSM 基于晶体管的拓扑和实际结构，通过跟踪非线性晶体管开关行为来准确地建模硅纳米效应。

（2）CSM 将器件的输出驱动建模为电流源而不是电压源，延迟和转换时间可以从门输送到负载中的平均电流导出。因此，通过描述电阻屏蔽效应，使用平均电流有助于简化有效电容负载的复杂计算。

需要注意的是，在比较这些延迟模型（线性、非线性、多项式和电流源）时，基本的 CMOS 理论保持不变，唯一的变化是使用的近似值。

除了工艺和温度变化之外，这些模型或函数代表了电阻和电容对时序的影响。在未来的 ASIC 中，线路的电感将发挥重要作用，这些模型需要改进，以便更准确地显示器件延迟时间。

无论选择哪种模型，都需要针对各种条件进行一系列电路仿真，以生成用于时序分析的适当模型。最标准的仿真条件如下：

（1）温度范围。

（2）电压范围。

（3）工艺角。

（4）阈值电压。

如图 1.17 所示，有四类工作温度范围，室温（25℃）被认为是温度范围标准下的典型或正常温度。

类 型	下 限	上 限
军用级	−55°C	+125°C
拓展级	−40°C	+125°C
工业级	−40°C	+85°C
商业级	0°C	+70°C

图 1.17 工作温度标准

在物理设计期间，需要谨慎地使用在较低和较高温度范围内进行参数化的标准单元库。

电压的典型值一般在电源电压 ±10% 范围内，其大小取决于晶体管的栅极氧化物厚度（即施加到 MOSFET 器件而不损坏其栅极氧化物的电压大小）。随着电压供应技术的改进，晶体管的栅极氧化物变得更薄，需要更低的电压典型值，电压范围可以减小（例如电源电压变化在 ±5% 范围内）。

在生成不同工艺角的仿真时，应注意 CMOS 工艺有两个步骤——晶体管形成和金属化。

对于 PMOS 和 NMOS 晶体管形成或前道工艺（front end of the line，FEOL），会出现四个工艺角：

（1）快 NMOS 和快 PMOS。

（2）快 NMOS 和慢 PMOS。

（3）快 PMOS 和慢 NMOS。

（4）慢 NMOS 和慢 PMOS

对于金属化工艺或后道工艺（back end of the line，BEOL），其中所有互连和电介质夹层，模拟的工艺角为：

（1）最佳。

（2）典型。

（3）最差。

这些条件遵循正态分布，其中中心被视为典型值，最佳或最差的统计值与中心相差 $\pm 3\sigma$。

当今大多数半导体厂商都提供多阈值电压设置。通常，这些设置有标准、低和高。多阈值设置的优点在于，通过在 ASIC 设计期间混合使用，可以实现最佳功率和性能。

应注意，深亚微米 ASIC 设计需要分析各种电压、温度和工艺条件下的电路时序的能力。在线性和非线性模型中，需要对每个外部条件进行参数化。

为了最小化参数的数量，应选择多项式延迟模型或电流源延迟模型，因为多项式延迟模型的系数和 CSM 延迟模型的当前参数对于所有条件都是通用的。

一旦计算了系数，就可以通过将外部条件作为变量输入到方程中来执行温度分析或 ASIC 设计中的任何其他条件。

在标准单元库的参数化期间，需要使用所有上述外部条件的组合。最低要求是，ASIC 时序分析至少要有最坏和最好条件。

1.5 总 结

在本章中，我们讨论了 ASIC 标准单元的原理、I/O PAD 的设计和参数化方法。

在标准单元部分，我们概述了基本单元结构，并简要讨论了相移掩模工艺（PSM）的概念及其对深亚微米技术标准单元物理设计的影响。

在晶体管尺寸部分，我们回顾了标准单元电路设计中涉及的基本方程，并讨论了正确选择晶体管尺寸的重要性及其对时序性能的影响。

在 I/O PAD 部分，我们回顾了 I/O PAD 的基本设计概念，并讨论了 ESD 结构的原理和闩锁抗扰性的设计技术。

在库参数化部分，我们概述了标准单元传播延迟和转换延迟的基本概念。此外，我们以最简单的形式概述并解释了一些更广泛使用的标准单元参数化方法。

我们应该注意到，虽然这看起来是一项非常简单的任务，但开发高质量的库需要在电路设计、工艺和建模领域拥有大量的专业知识。

基于本章的讨论，图 1.18 显示了标准单元和 I/O PAD 库阶段开发所需的一般步骤。

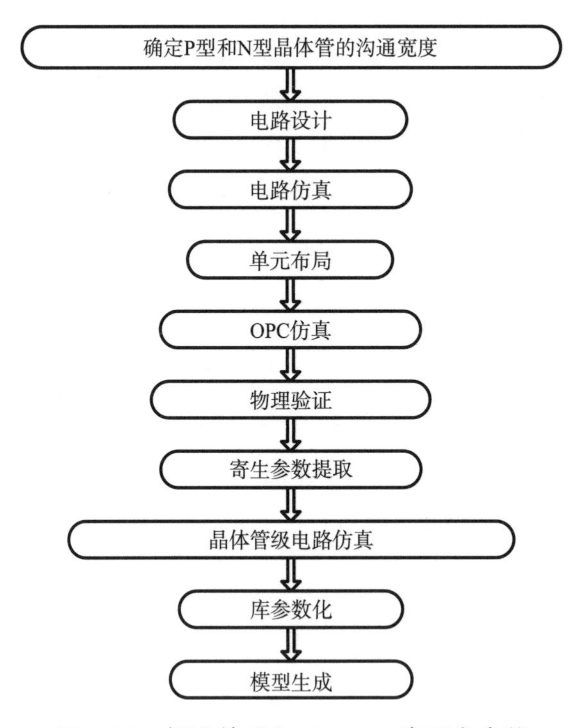

图 1.18 标准单元和 I/O PAD 库开发步骤

参考文献

[1] Neil H.Weste, Kamran Eshraghian. Principles of CMOS VLSI Design, A Systems Perspective, Addison-Wesley, 1985.

[2] H.J.Levinsson, William H.Arnold. "Optical Lithography", in Handbook of Microlithography, Micromachining and Microfabrication. SPIE Press, 1997.

[3] Jan M.Rabaey. Digital Integrated Circuits, A Design Perspective, Prentice Hall Electronics and VLSI Series. 1996.

[4] Sanjay Dabral, Timothy J.Maloney. Basic ESD and I/O Design, John Wiley & Sons, Inc. Publishing Company, 1998.

[5] Ward Cheney, David Kincaid. Numerical Mathematics and Computing, 2nd ed. Brooks/Cole Publishing Company, 1985.

第2章　布局规划

设计既不是一种形式，也不是一种功能，它是两者的美学综合

——费迪南德・保时捷

布局规划是物理设计中的艺术。经过周密考虑的平面布局图可以实现具有更高性能和最佳面积的 ASIC 设计。

布局规划可能具有挑战性，因为它涉及 I/O PAD 和宏以及电源和接地结构的布局。在进行物理布局规划之前，需要确保物理设计过程中使用的数据准备妥当。正确的数据准备对于所有 ASIC 物理设计至关重要，是实现结构正确设计的前提。

整个物理设计阶段可以被视为不同步骤中表示的转换。在每个步骤中，都会创建并分析 ASIC 的新表示。这些物理设计步骤经过迭代改进以满足系统需求。例如，对布局或布线步骤进行迭代改进，以满足时序规范。

物理设计人员通常面临的另一个挑战是在 ASIC 设计验证期间发生物理设计规则违例。如果检测到此类违例，则需要重复物理设计步骤以纠正错误。有时，这些误差校正对 ASIC 时序有直接影响，可能需要重新定时以满足时序规范。

大多数时候，纠正非常耗时。因此，物理设计的目标之一是在设计的每个步骤中消除或减少迭代次数。减少迭代次数的关键之一是使用充分且高质量的准备数据。

物理设计所需的输入数据类型包括：

（1）相关技术文件和库文件。

（2）以网表表示的设计电路描述。

（3）时序要求或设计约束。

（4）布局规划。

2.1 技术文件

几乎所有的物理综合、布局布线工具都基于技术文件进行操作。技术文件包含用于配置结构、参数（如物理设计规则和寄生参数提取）以及针对特定工艺技术的 ASIC 设计限制的信息或命令。

物理设计工具在 ASIC 设计实现的不同阶段使用这些命令。目标之一是确保正确设置技术文件中的所有参数。一旦创建了初始技术文件，就需要进行几次试运行，并应仔细分析结果，如标准单元布局、布线质量和寄生参数提取的准确性。根据最终检查，技术文件可能需要进一步完善，以获得最佳性能。

技术文件的基本规则如下：

（1）制造网格。制造网格由半导体厂商可以加工的最小几何结构决定。物理设计期间的所有绘制几何图形必须紧扣此制造网格。

（2）布线网格。布线网格在详细布线期间由物理综合和布局布线工具使用。走线轨道可以是基于网格的、基于无网格的或基于子网格的。

（3）标准单元的布局规则。在布局阶段使用标准单元的布局规则。标准单元的布局由一个垂直走线轨道和标准单元高度定义。

（4）布线层规则。布线层规则用于定义布线设计的层。这些定义包括导线宽度、布线间距和首选布线方向，例如垂直、水平或对角线。

（5）布局和布线阻塞层规则。布局和布线阻塞层规则是物理设计工具的内部定义，用于定义标准单元布局和布线的“屏蔽”区域。

（6）过孔规则。过孔规则定义了不同导电层布线重叠之间的互连、尺寸和类型。过孔可以是单个过孔、叠孔或过孔阵列。

（7）导电层密度规则。导电层密度规则定义了对设计中的每个物理层使用化学机械抛光（chemical mechanical polishing，CMP）工艺所需的芯片面积百分比。化学机械抛光工艺需要导电层上特征密度的有限变化。这意味着给定区域中布局几何图形的密度必须在一定范围内。对于新的硅工艺（即金属化），违反这一规则可能会对产量产生负面影响。

（8）金属层开槽规则。金属层开槽规则定义了可能需要具有开槽特征的最小层宽度（即宽布线层内的过孔）。该规则因厂商的不同而异，用于限制给定导电层的机械应力。

（9）走线层物理配置文件。每个层的物理规则用于定义并包括导体厚度、高度和层间电介质厚度。电气互连规则的定义包括电阻和介电常数。

（10）天线效应规则。每个层的天线效应规则为自动消除天线效应的物理设计工具配置。天线效应发生在金属化过程中，在沉积导电层之前，连接到晶体管的多晶硅栅极的一些导线裸露不连接，就会产生天线效应。连接到MOSFET 栅极的长导线可以充当电容器或天线，在等离子体刻蚀步骤中会收集电荷。如果浮栅上积聚的能量突然放电，晶体管可能会因栅极氧化物击穿而遭受永久性损坏。第 4 章将讨论如何修复天线效应。

2.2 电路描述

在 ASIC 设计的早期，逻辑设计者使用原理图捕获或电路编辑工具来实现设计。一旦设计被捕获，电路描述就以某种形式从捕获工具中导入，以用于物理设计。在此期间，计算机辅助工程（computer aided engineering，CAE）和计算机辅助设计（computer aided design，CAD）技术的出现促使了可交换数据格式和硬件描述语言的迅速发展。

不幸的是，这些电路描述大多限于特定的公司和数据类型。希望使用不同 CAD 工具组合的 ASIC 物理设计师被迫进行各种格式之间转换，以完成设计。这种烦琐而耗时的翻译过程促使人们需要一种标准的电子设计交换格式。

为了解决这个问题，引入了第一种电子工业标准格式——电子设计交换格式，简称 EDIF。EDIF 格式非常丰富，能够表示连接信息、原理图、技术和设计规则以及多芯片模块（multi chip module，MCM）的描述等，并允许与物理布局相关的文档之间的传输。

同时，引入了两种硬件描述语言——VHDL 和 Verilog。

从 ASIC 设计的角度来看，VHDL 不是一种电路设计工具，只是创建了一个准确的电路设计模型。然而，这种语言取得了惊人的成功，因为它具有满足电路和系统设计要求的实用性和能力。VHDL 独立于设计工具，是硬件时序建模的强大语言。

随着逻辑综合工具的引入，代表电路功能的 Verilog 模型可以被综合成实际的电路，此后便可以采用自上而下的高效的设计方法。设计者可以在寄存器传输级（register transfer leve，RTL）对电路进行建模，然后使用综合工具将其转换为门级电路。由此，Verilog 建模的使用急剧增加。

ASIC 设计者使用 Verilog 仿真进行验证是下一个主要趋势。随着 Verilog 受到半导体供应商的欢迎，设计者开始远离专有仿真器，转而使用 Verilog 仿真器进行时序验证。

然而，Verilog 仍然是一种封闭的语言，标准化的压力最终导致行业转向使用 VHDL。意识到这一点，开放 Verilog 国际（OVI）组织应运而生，使 Verilog 走向了标准化。通过标准化，Verilog 仿真器现在可用于大多数计算机，具有各种特性和功能。

Verilog 语言的发展速度比任何其他硬件描述语言都要快，而且比以往任何时候都使用得更频繁，它已经真正成为标准的硬件描述语言。

在当今的 ASIC 设计流程中，电路设计以 RTL 格式描述，和设计约束一起被综合成门级电路描述，最终导入到物理综合工具中进行物理实现。

Verilog 门级网表由于易于理解和语法清晰而被广泛使用。尽管行为级 Verilog 语言有大量的关键字，但只有少数关键字可以在结构级 Verilog 中用于表示整个电路功能和连接性。

可实体化的 Verilog 网表由关键字、名称、文字注释和标点符号组成。Verilog 网表结构区分大小写，其所有关键字，如 module、endmodule、input、output、inout、wire 和 assign 都是小写的。

Verilog 中最基本的元素是具有相应输入和输出端口的模块定义[1]，它表示通常在一个硬件中实现的逻辑实体。模块可以是简单的门，也可以是复杂的网络。模块中的端口可以是单比特，也可以是多位宽，每个端口可以定义为输入、输出或输入输出（即双向）端口。连接模块内部元素的网络由 wire 语句描述。

为了提高可读性，可以使用空格、制表符和换行。单行注释以“//”开头，多行注释以“/*”开头，以“*/”结尾。

Verilog 语言中的模块以关键字模块开头，后跟模块名称，然后是输入和输出列表，最后以关键字 endmodule 结尾。每个模块名称必须是唯一的。

图 2.1 是使用 Verilog 实现的逻辑实体。

图 2.1 所示的实体包含简单的 OR、AND、三态门和缓冲器，其 Verilog 网表的门级表示如图 2.2 所示。

图 2.1 和图 2.2 显示了两个模块定义——bottom_level 和 top_level 及其相应的输入和输出端口。结构模块 top_level 中有一个 bottom_level 实例。此外，top_level 和 bottom_level 模块都包含被认为是单元类型的门类型（例如 OR_type、AND_type、TRIBUF_type 和 BUF_type）。这些器件类型内置在标准单元库中，并有已经预定义的功能。

bottom_level 模块有一个连续赋值语句，由关键字 assign 表示。此关键字将“=”右侧的值分配给“=”左侧的值。

```
module bottom_level ( D, E, Y1, Y2, Y3, Y4);
   input     D[3:0], E;
   output    Y1,Y2,Y3;
   inout     Y4;

   assign         D[2] = Y2;
   OR_type        I0 ( .A(D[0]), .B(D[1]), .Z(Y1) );
   AND_type       I2 ( .A(D[2]), .B(Y4), .Z(Y3) );
   TRIBUF_type    I3 (. A(D[3]), .ENB(E), .Z(Y4) );
endmodule

module top_level (IN0,IN1,IN2,IN3,EN,OUT0,OUT1,BIDIR);
   input     IN0,IN1,IN2,IN3,EN;
   output    OUT0, OUT1;
   inout     BIDIR;
   wire      NET1,NET2,NET3,NET4,NET5,NET6;

   bottom_level  bottom_level_instance ( .D{net4,net2,IN1,
        net1}, .Y1(net5), .Y2(), .Y3(net6), .Y4(BIDIR) );
   BUF_type     I0 ( .A(IN0), .Z(net1) );
   BUF_type     I1 ( .A(IN2), .Z(net2) );
   BUF_type     I2 ( .A(EN), .Z(net3) );
   BUF_type     I3 ( .A(IN3), .Z(net4) );
   BUF_type     I4 ( .A(net5), .Z(OUT0) );
   BUF_type     I5 ( .A(net6), .Z(OUT1) );
endmodule
```

图 2.1 可生成逻辑实体的 Verilog 格式

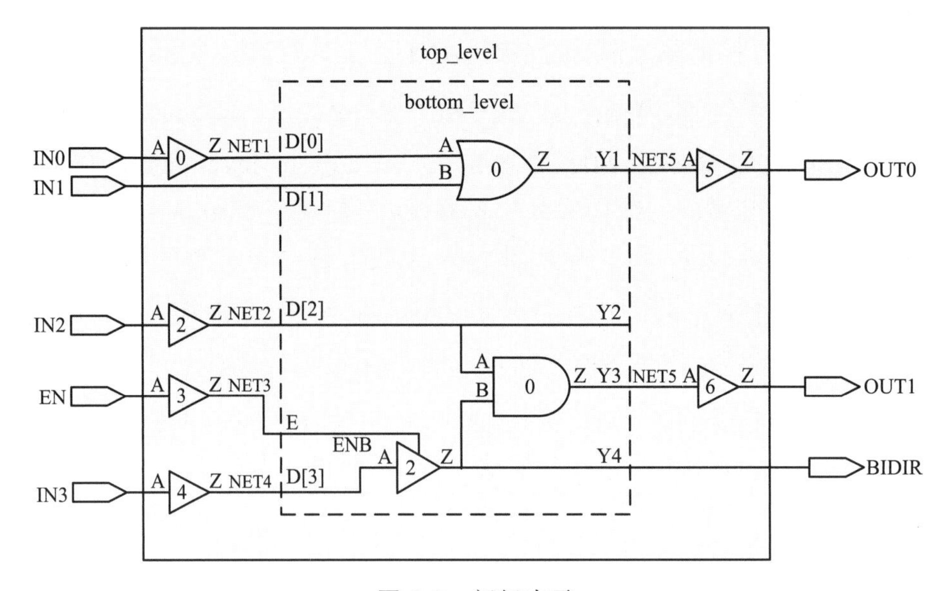

图 2.2 门级表示

虽然 assign 语句是行为级描述，但它在今天的结构级 Verilog 网表中被广泛使用，这意味着有一条导线的两端有两个不同的名称。因此，在 ASIC 物理设计中，需要小心处理 assign 关键字，在逻辑综合输出网表和 ASIC 物理验证时都需要避免 assign 关键字导致的问题。最常用的技术之一是用缓冲器替换 assign 关键字。

处理导入的网表后，下一步是应用设计约束，如下一节所述。

2.3 设计约束

设计约束是在逻辑和物理综合期间应用的 ASIC 设计规范。每个工具都试图满足两种设计约束：时序约束和设计规则约束。

时序约束由用户指定，与 ASIC 设计的速度、面积和功耗有关。

物理设计工具使用的时序约束与性能相关。最基本的时序约束如下：

（1）系统时钟定义和时钟延迟。

（2）多周期路径。

（3）输入和输出延迟。

（4）最小和最大路径延迟。

（5）输入转换时间和输出电容。

（6）伪路径。

系统时钟及其延迟是 ASIC 设计中极其重要的约束之一。系统时钟通常由 ASIC 外部供给，也可以在 ASIC 内部生成。所有延迟，特别是在同步 ASIC 设计中，都与系统时钟相关。

大多数逻辑综合工具认为时钟网格延迟是理想的，即具有固定延迟和零偏移，并在设计综合期间使用。物理设计工具根据系统时钟定义来执行所谓的时钟树综合（CTS），并尝试满足时钟网格的延迟约束。

多周期路径用于约束 ASIC 设计中具有非单周期时钟的时序要求，这将避免物理设计工具对设计进行没有必要的默认单周期的优化。

输入和输出延迟用于约束 ASIC 设计的边界路径。输入延迟规定了从外部输入到第一个寄存器的延迟，输出延迟规定了从寄存器到输出的延迟。

最小和最大路径延迟为具有点对点优化能力的物理综合工具提供了更大的灵活性。这意味着可以指定从 ASIC 设计中的一个特定节点（例如引脚或端口）到另一个节点的时序约束，前提是这两个指定点之间存在这样的路径。

输入转换时间和输出电容用于约束 ASIC 器件输入转换速率和输出引脚的输出电容。这些约束对最终 ASIC 设计时序有直接影响。

在物理设计中，布局和布线的过程期间，这些约束的值被设置为零，以确保实际 ASIC 设计时序的计算与外部条件无关，并确保满足寄存器到寄存器的时序。基于这一点，这些附加的外部条件可以应用于输入和输出时序优化的设计。

伪路径用于指定 ASIC 设计内部或外部的点对点非关键时序。正确识别这些非关键路径对物理设计工具的性能有很大影响。

除了上述的时序约束，还需要根据给定标准单元库或物理设计工具中规定的要求，对 ASIC 设计施加设计规则约束。

设计规则约束优先于时序约束，只有这样，ASIC 设计才能正常工作。设计规则约束主要有以下四类：

（1）最大扇出数。最大扇出数用来指定库中每个标准单元可以连接到的目标数量。该约束也可以在物理综合期间应用于 ASIC 设计级，以控制每一个单元可以连接的数量。

（2）最大转换时间约束。最大转换时间约束是标准单元库中每个标准单元所被允许的最大输入转换时间。除了标准单元库中的每个元素之外，该约束可以应用于特定网络或整个 ASIC 设计。

（3）最大电容约束。最大电容约束的效果类似于最大转换时间约束，因为转换时间也与电容相关，但它主要是依据可以驱动 ASIC 设计中的任何互连的总电容进行约束。应该注意，该约束完全独立于最大转换时间约束，因此，它可以与最大转换时间约束一起使用。

（4）最大导线长度约束。最大导线长度约束有助于控制导线长度，以减少两条相同类型的平行长导线的可能性。相同类型的平行长导线可能对噪声注入产生负面影响，并可能导致串扰。

这些设计规则约束主要通过在物理设计的不同阶段适当地插入缓冲器来实现。因此，在布局和布线期间有效地控制缓冲器的插入，可以最小化面积。

2.4 设计规划

任何 ASIC 的设计实现都需要一种适当的风格或规划方法，以减少物理实现周期，并实现预定的设计目标，如面积和性能。

ASIC 的设计实现有两种风格可供选择——展平式物理设计和层次化物理设计。对于中小型 ASIC，展平式物理设计最适合；对于非常大或并发的 ASIC 设计，优选层次化物理设计。

展平式物理设计比层次化物理设计更易执行，并且利用更少的面积，更容易达到时序收敛。这是因为在展平式物理设计中没有必要为每个子模块预留额外的空间用于电源和信号走线。关于时序分析，展平式物理设计是一次性分析设计中所有模块的时序，而不是单独分析每个子模块时序，然后集成。这种设计方法有一个缺点，即随着设计的复杂性增加，需要大量的内存空间和运行时间。

层次化物理设计主要用于大规模的 ASIC 设计或者子模块独立并行设计的 ASIC 设计。然而，在层次化物理设计中，不合理的设计划分可能会导致设计的性能下降，因为设计的关键路径可能会跨越多个设计层次，从而延长关键路径的长度。因此，在层次化物理设计当中，需要进行合适的设计划分，将关键路径划分在同一个模块中。同时还需要进行更加准确的时序约束，从而最小化 ASIC 内关键路径的长度。

在层次化物理设计中，可以对 ASIC 设计进行逻辑上或物理上的划分。

逻辑划分发生在 ASIC 设计的早期阶段（即 RTL 设计阶段）。设计根据其逻辑功能以及物理约束（如与设计中其他划分或子模块的互连性）进行划分。可以将逻辑划分后的模块单独布局布线，并作为宏模块集成在 ASIC 顶层。

物理划分发生在物理设计期间。一旦整个 ASIC 设计被导入物理设计工具中，就可以创建组合多个子模块，或者将一个大型电路划分为多个子模块。这些划分通常是通过使用垂直或水平线递归地划分包含设计的矩形区域来完成的。

物理划分用于最小化延迟（受制于一些约束，其主要应用于器件聚类和电路复杂性管理），并满足少量子模块中的时序和其他设计要求。最初，这些分区具有未定义的尺寸和固定的面积（即添加到分区的单元或器件的总面积），其关联端口或终端被分配给其边界，从而使它们之间的连接性最小化。为了在芯片内放置这些分区或模块，必须定义它们的尺寸及其端口位置。

用于估计宏器件周长的一种建议方法是使用每个分区允许的终端或端口的数量及其在每个终端之间的关联间距[2]。每个分区的周长与相关终端数量之间的关系如下：

$$P = NS \tag{2.1}$$

其中，P是物理分区的周长，N是终端或端口的数量，S对应于终端之间的间距。

式（2.1）给出的周长估计值根据垂直和水平方向的走线需求确定了层次结构中每个分区应当需要的宽度和高度。然而，为了以有效的方式在芯片顶层拟合每个宏器件，自动布局算法需要具有一系列从设计中每个分区的纵横比边界导出的合乎规则的形状。

层次化布局规划算法生成的纵横比边界必须具有灵活性，以确保每个宏器件形状都可以重新成形以获得最佳布局。因为ASIC设计的一个要求是寻找最小的可用芯片尺寸，所以在每个分区的划分过程中，需要修改设计中每个分区的边界的尺寸和终端布局来多考虑几个布局方案，从而使每个分区之间的未使用和走线的面积最小化。

展平式和层次化物理设计都会导入工艺文件、库文件、网表和设计约束到物理设计工具。导入这些数据后，物理设计工具将对展平式设计实现的整个网表或层次化设计实现的每个子网表进行绑定。

在绑定过程中，传入的网表被展平，所有器件都被分析以确定其可用模型。自动执行各种检查，以确定物理综合或布局布线工具的内部数据结构是否准备好继续设计实现流程的其余部分。

通常，物理数据库问题的检查与网表有关，例如未连接的端口、不匹配的端口、标准单元错误或库和工艺文件中的错误。这些检查将生成包含所有错误和警告的日志文件，因此，在进入下一阶段之前，查看日志文件并确保所有报告的错误和警告都已解决，这一点非常重要。

无论物理设计实现风格如何，在使用导入的网表和相应的库及工艺文件创建完物理数据库之后，第一步是确定ASIC核心的宽度和高度。此外，还会创建标准单元行和I/O PAD位置。图2.3显示了ASIC设计初始布局图。

行的高度等于库中标准单元格的高度。如果库中有多个高度标准的单元，它们将占用多行。

大多数时候，标准行是毗邻摆放的。标准行以180°交替旋转或沿X轴翻转，以便标准单元可以共享电源和接地总线。如果 ASIC 核心由于走线层的数量有限而存在布线拥塞，一种解决方案是在行之间创建走线通道。这些都可以单独划分或组合划分。

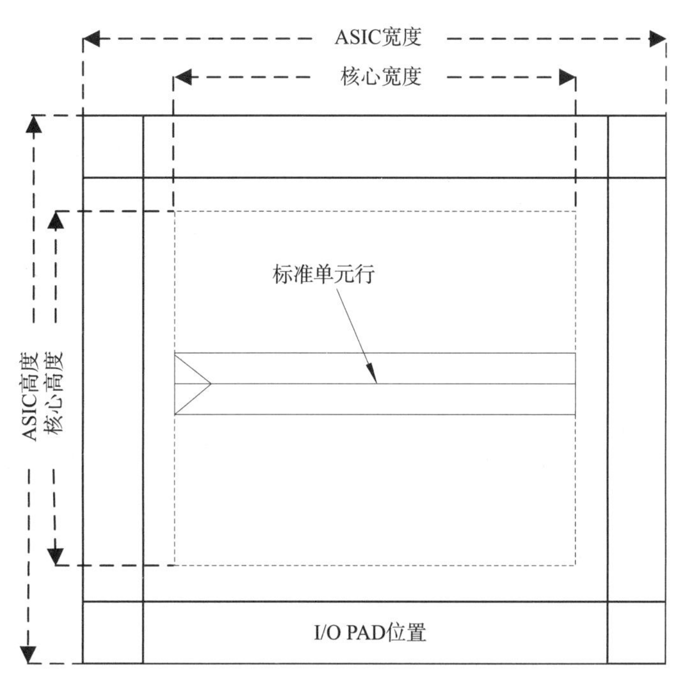

图 2.3 ASIC 设计初始布局图

2.5 PAD布局

作为连接芯片内部信号与封装管脚的桥梁，I/O 单元的布局要综合考虑印制板走线、封装形式、供电情况及内部模块结构，从而保证信号从芯片内部传递到外部时其路径最短，同时要求从 I/O 单元关键引线到封装点时，避免信号交叉，方便封装基板的制作，减少基板上的走线层数，从而降低封装的成本。当芯片为通用芯片时，需要参考现有的类似芯片的封装形式，从而方便产品的应用，如果芯片是专用于某个设计，则芯片的封装可以以印制板走线为基础，从而确定 I/O 单元的位置。

正确的 I/O PAD 布局和选择对于任何 ASIC 设计都很重要。如第 1 章所述，对于给定的 ASIC 设计，有三种类型的 I/O PAD：电源、接地和信号。

确保 PAD 具有足够的电源和接地连接并正确布局，以消除电迁移和电流开关噪声相关影响，对 ASIC 设计至关重要。

电迁移（EM）通常是指在电场作用下金属离子从一个区域向另一个区域迁移，这是由电子流动方向的过大电流引起的。超过推荐标准的电迁移电流可能导致 ASIC 器件过早失效。超过电迁移电流密度限制会产生空隙或小丘，导致金属电阻增加或导线之间短路，并会损害 ASIC 性能。图 2.4 显示了放大倍数为 10000 的电子扫描显微镜（ESM）捕获的过量电流导致的电迁移损伤。

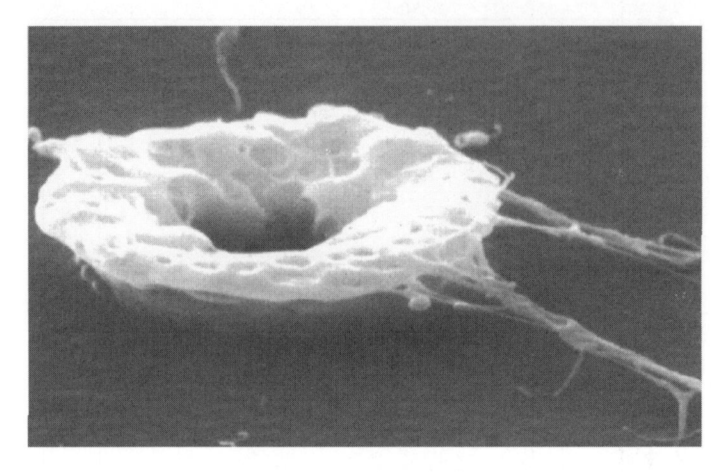

图 2.4 电迁移损伤

使用式（2.2）可以确定满足电迁移电流限制所需的接地 PAD 的最小数量。所需的电源 PAD 数量等于所需的接地 PAD 数量，接地 PAD 数量由下式给出：

$$N_{\text{gnd}} = \frac{I_{\text{total}}}{I_{\max}} \tag{2.2}$$

其中，N_{gnd} 是接地 PAD 数量；I_{total} 是 ASIC 设计中的总电流（以安培为单位的静态和动态电流之和）；$I_{\max}$ 是每个接地 PAD 的最大 EM 电流，单位为安培。

当 ASIC 输出在不同状态之间转换时，会产生开关噪声。这些开关噪声在电源和接地 PAD 数量不足时将导致内部运行出错。

以下两种机制会产生噪声：

（1）电容耦合效应引起的 dv/dt。

（2）寄生电感引起的 di/dt。

电容耦合效应是开关瞬态通过寄生耦合电容注入脉冲时对相邻封装管脚造成的干扰。当 ASIC 输出电流接近给定输出电容 C 的最大电流时，出现最大 C（dv/dt）噪声。该噪声问题可以通过适当的 PAD 布局、封装引脚选择、ASIC 输出 PAD 类型和驱动电流以及输入 PAD 类型来解决。

为了减少或消除 I/O PAD 布局和选择期间的电容耦合效应，可以考虑以下准则：

（1）用电源或接地 PAD 将敏感的异步输入（如时钟或双向 PAD）同其他开关信号 PAD 隔离开来。

（2）将双向 PAD 分组在一起，使所有 PAD 都处于输入或输出模式。

（3）将信号输入速度慢的 PAD 组合在一起，将其放置在电感较高的封装引脚上。

（4）尽可能使用带回滞特性的输入 PAD。

寄生电感与在电源和接地总线中引起电流快速变化的同时开关 ASIC 输出有关。电源引脚和接地引脚中的电感导致了 ASIC 内部电源和接地电平相对于外部系统的电压波动。电流的这些快速变化可以改变 ASIC 输入 PAD 的阈值并引起逻辑错误，或者可以在非开关输出 PAD 上引起影响连接到其他系统的信号的噪声尖峰。

当 ASIC 输出开始转换到另一个电压电平，并且其通过电感为 L 的导线绝对电流从零增加时，出现最大 L（di/dt）噪声。工艺、环境温度、电压、输出 PAD 的位置和同时开关的输出 PAD 数量等因素决定了寄生电感引起的开关噪声的大小。

为了控制寄生电感引起的开关噪声，必须分配足够的电源和接地 PAD 并正确布局。这样，噪声大小将受到限制。这种噪声降低将防止 ASIC 设计的输入将噪声解释为有效的逻辑电平。

通过以下方法可以成功降低寄生电感引起的开关噪声：

（1）将输出分成多个组，每组在其数据路径中插入多个延迟缓冲区，减少同时切换的输出数量。

（2）只要速度不是问题，就使用最低额定漏电流或低噪声输出 PAD。

（3）将同时切换的输出或双向 PAD 放在一起，并根据其相对噪声额定值在它们之间分配电源和接地 PAD。

（4）将静态和低频输入 PAD 分配给电感较高的封装引脚。

（5）通过分配尽可能多的电源和接地 PAD，降低有效的电源和地引脚电感。

2.6 电源规划

下一步是为 I/O PAD 和核心创建电源和接地结构。I/O PAD 的电源和接地线内置于 PAD 本身中，通过相邻的 PAD 进行电源连接。

对于核心，有一个核心环，用一组或多组电源环和接地环包围核心。水平金属层用于顶部和底部，而垂直金属层用于左侧和右侧。这些垂直和水平金属层通过适当的过孔穿插连接。

接下来需要创建核心内部的标准单元的电源和接地连接。对于标准单元，电源和接地线由一组或两组金属条带组成，这些金属条带在核心或指定区域以特定间隔重复。每个电源和接地金属条带都垂直、水平或双向放置，这样做是为了平均分布电流，缩短电流回路，降低电压降，避免电迁移问题。图 2.5 说明了这些类型的电源和接地连接。

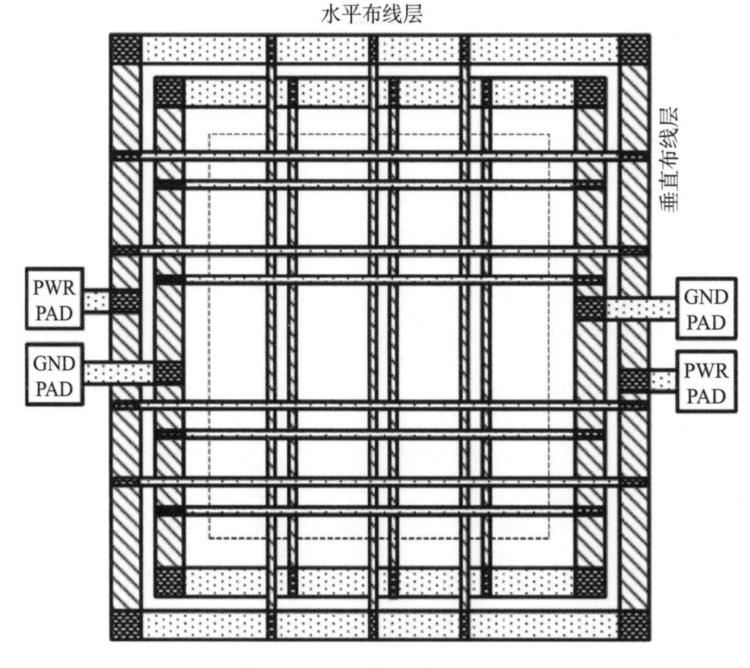

图 2.5 电源和接地连接

这种电源条带以规则的间隔垂直和水平走线，被称为“电源网格”。电源条带的数量和间隔取决于 ASIC 核心的功耗。

随着 ASIC 核心的功耗（动态和静态）的增加，电源和接地条带间隔也随之增加，这是为了有效降低整体 ASIC 的电压降，从而提高 ASIC 设计性能。

除了核心需要电源和接地环外，宏模块也需要使用适当的垂直和水平金属层来创建电源环和接地环。用一组或多组电源环和接地环完全或部分地包围一个或多个宏模块。

另一个重要的考虑是，当模拟和数字模块都存在于 ASIC 设计中时，需要确保数字模块不会通过电源和接地线注入模拟模块的敏感电路中。

仔细规划数字模块和模拟模块的电源和接地连接，可以最大限度地减少这种干扰。提高噪声抗扰度并减少干扰的方法有很多，其中最有效的方法是单独创建模拟模块的电源连接，将数字和模拟电源与接地去耦[3]，如图 2.6 所示。然而，如果通过标准单元的接地（即源极）与芯片基板有接地连接，这种去耦将不完整。

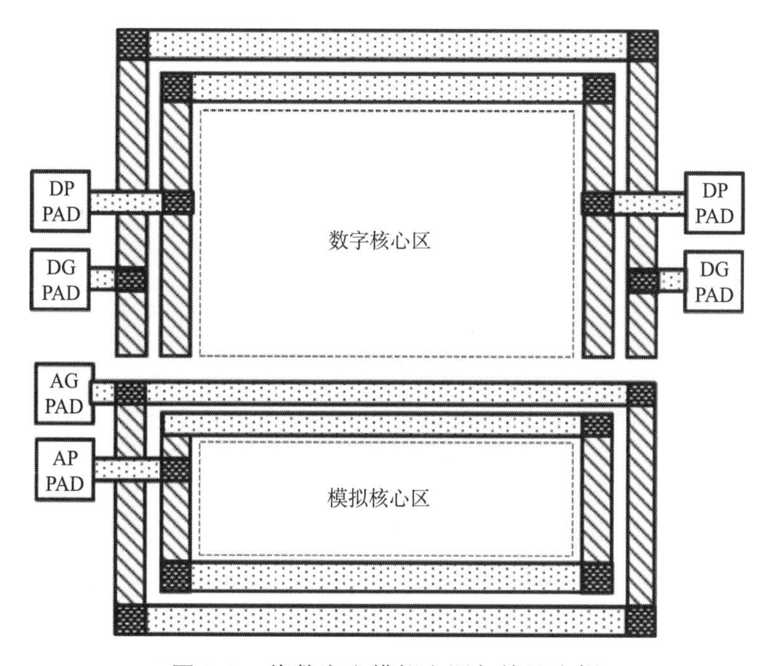

图 2.6 将数字和模拟电源与接地去耦

为了确保模拟电路与数字电路完全去耦，需要在标准单元（例如 N 阱工艺）中将衬底与地分离。这不是强制性的，但取决于模拟电路对来自数字电路的噪声注入的敏感程度。

强烈建议在整个电源和接地网络建构后，检查电源和接地连接以及任何违反物理设计规则的情况。

根据 ASIC 设计的电源要求，宏模块的电源和接地环的宽度可能超过最大允许值，以便在布局规划和电源分析期间降低其电阻。从制造角度来看，电源和接地环的宽度的增加可能是有问题的。

宽金属（即超过制造极限）的主要问题是金属层不能以均匀的厚度进行加工，特别是当应用于宽区域时。金属中间变薄，边缘变厚，导致屈服和电流密度问题。为了解决这个金属密度问题，可以使用多个电源和接地总线，即使用金属开槽。

当今的大多数物理设计工具都能够通过将宽度大于指定最大值的导线或线束段切割成多个相同类型的较窄线束段来逐线或逐段进行开槽。

不同金属层的这些最大指定宽度由半导体制造商确定为槽宽度，需要包含在物理设计工具的工艺文件中。

2.7 宏模块布局

通常，宏模块的布局发生在I/O的布局，以及电源和接地总线结构被定义之后。宏模块可能是存储器、模拟模块，在层次化物理设计中，也可能是单独布局和布线的子模块。这些宏模块的正确布局对最终ASIC设计的质量有很大影响。

宏模块布局可以是手动或自动的。当要布局的宏模块很少并且它们与ASIC设计的其余部分的关系已知时，手动宏模块布局更有效。如果没有足够的信息作为初始宏模块布局的基础或宏模块的数量很大，则自动宏布局更合适。

在宏模块布局过程中，需要确保模块之间有足够大的区域用于互连。该过程（通常称为通道分配或通道定义）可以是手动的，也可以通过布局规划工具完成。分割树被布局规划算法用于宏模块布局期间分割平面布局图并定义模块之间的走线通道。

当今的大多数物理设计工具都使用全局布局器来执行基于最小连接和导线长度的自动初始宏布局。导线长度优化是自动宏模块布局中最常用的方法。

随着内存等嵌入模块数量的增加，在没有良好优化算法的情况下布局不同大小和形状的宏模块可能会导致布局和布线空间的碎片化，这可能会阻止物理设计工具完成最终布线。

用于自动宏模块布局的一种基本算法认为，大多数宏模块是通过网络相互连接的，因而可以假设宏模块之间的“吸引力”与宏模块之间的距离成比例，在宏模块布局中，宏模块可以自由移动，并且这是一个迭代过程，这种不同程度的吸引力使得在每个迭代过程中，宏模块之间的距离变得不同程度的紧密，从而达到平衡或最佳的走线长度。有趣的是，在该算法中，如果宏模块之间没有关系，它们往往会相互排斥，并且它们的布局结果可能不是最佳的。

为了提高彼此不相关的宏模块的布局质量，可以考虑同时布局标准单元和宏模块，前提是物理设计工具可以同时处理宏模块和标准单元布局。在算法方面，尽管商业物理设计工具在过去几年中有了很大的改进，但与标准单元布局相比，宏模块自动布局仍处于开发的早期阶段。

一个成熟的宏模块布局算法必须能够处理大范围不同的形状、大小、方向、拥塞和时序驱动的布局。尽管已经对宏布局算法进行了许多改进以确保其布局的质量，但为了实现最佳布局，还需要手动修改这些宏模块的位置和方向。

评价包含大量模块的 ASIC 设计的宏模块布局的质量不是一项容易的任务，可以采用一些基本的物理参数进行权衡。

物理参数可以是走线长度、数据流方向（例如相对于彼此以及相对于标准单元布局的宏布局），或者宏模块引脚可访问性和相关时序。

当比较同一物理设计的不同布局时，总的走线长度是一个很好的指标。为了减少走线的总长度，要确保核心区域不会被宏模块分割。

要想避免核心区域被宏模块分割，宏模块的位置应使标准单元布局区域连续。建议使用接近 1∶1 纵横比的区域，因为它可以使标准单元布局器更充分地利用该区域，从而有效减少总走线长度。

分段平面布局图导致从位于芯片底部的标准单元到芯片顶部的标准单元的走线长互连。因此，有必要沿着 ASIC 核心区域的边界保留宏模块，以避免布局分割问题。

图 2.7 显示了一个有问题的分段平面布局图，导致芯片底部和顶部之间走线的长互连。

另外，总的走线长度与宏模块布局的引脚方向和实际位置有关，而且引脚方向和实际位置可能对布线优化过程产生重大影响。

要想减少总的走线长度，宏模块布局的引脚应该朝向标准单元或核心区域，并且应与可用的布线层相匹配。因此，任何宏模块布局算法都需要通过正确的引脚方向和位置来计算宏模块的互连距离。

图 2.8 显示了宏模块的引脚面向标准单元区域的平面布局图，在局部上最小化了走线长度。

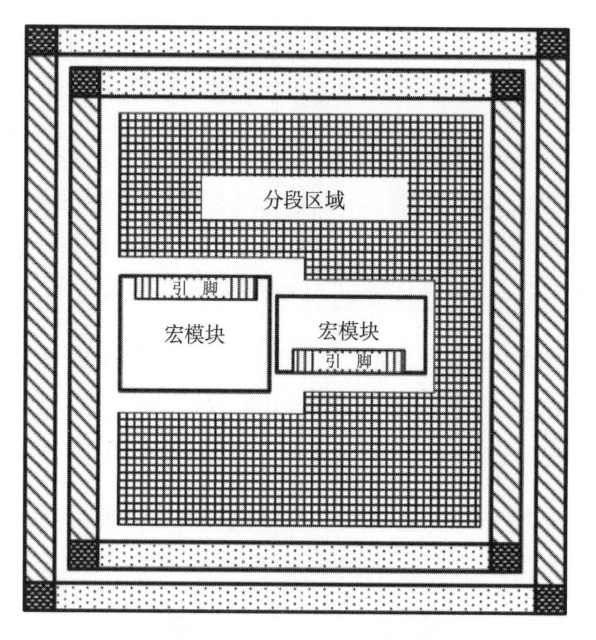

图 2.7 分段平面布局图

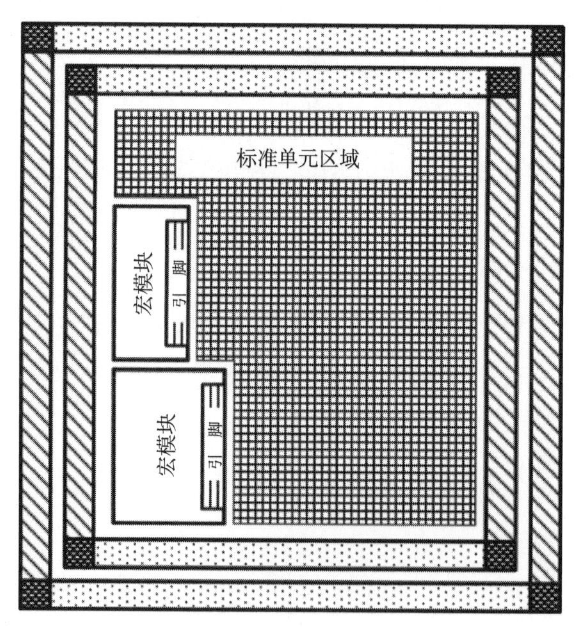

图 2.8 宏模块的引脚面向标准单元区域的平面布局图

宏模块引脚的可访问性直接影响芯片的最终走线，因此衡量芯片布局好坏的另一指标是，全局布线器（global router）评估出的可走线性，即走线拥塞（routing congestion）。

大多数全局布线器都能够生成图形和文本报告。图形报告（也称为拥塞图）

在视觉上报告出了布线拥塞的位置（例如热点），提供了直观的帮助；文本报告统计出了走线拥塞的具体数据，很好地表明了物理设计的拥塞程度。

导致物理设计布线拥塞的最常见情况是：宏模块之间可能没有足够的空间用来走线，尤其是对于I/O连接和宏模块；禁止布线；标准单元 trap pocket 在宏模块的边缘或在平面布局图的拐角处。

标准单元 trap pocket 是宏模块之间的细长通道。如果在这些通道中布局许多器件，可能会导致布线拥塞。因此，对于大多数标准单元，这些通道需要保持空闲，并且应可用于中继器或缓冲器插入（如果物理设计工具支持这种类型的插入）。图2.9显示了带有标准单元 trap pocket 的平面布局图。

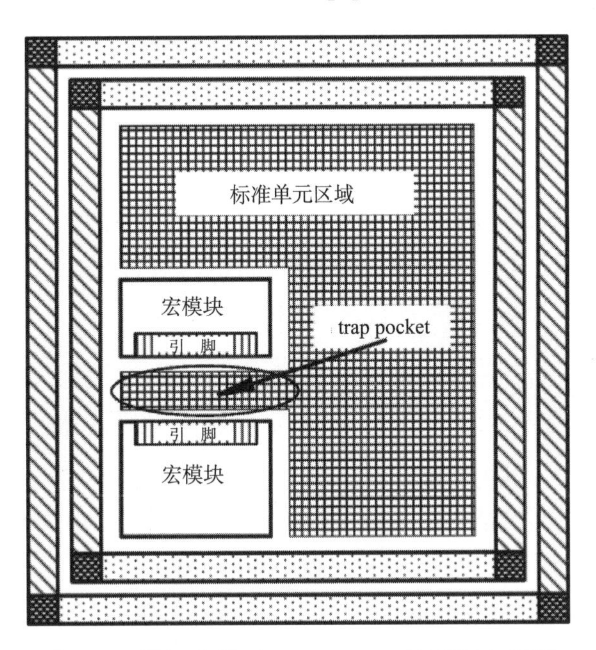

图 2.9 带标准单元 trap pocket 的平面布局图

在宏模块布局之后，执行全局布线之前，大多数物理设计要求在包含宏模块的区域上绘制阻塞层来定义隔离区域（keep-out regions）或者仅缓冲区域（buffer-only regions），以防止布局器将任何标准单元布局到这些区域中。

很显然，用在隔离区域的导线会比较长，我们可以通过使用仅缓冲区域允许在这些区域插入缓冲器，从而避免长走线造成的长转换时间（transition time）。

这些阻塞层是在预先布局的宏模块上创建的，以便覆盖其电源和接地环。当宏模块在许多布线层上被阻塞时，导线会绕过拐角并连接到附近的标准单元，从而在宏模块的拐角处产生布线拥塞。此时，阻塞层可以缓解宏模块拐角处的布线拥塞。

为了给布线器预留更多的资源，可以在这些拐角处画一个阻塞层。如图 2.10 所示，这些拥塞区域可以是简单的，也可以是渐变的。

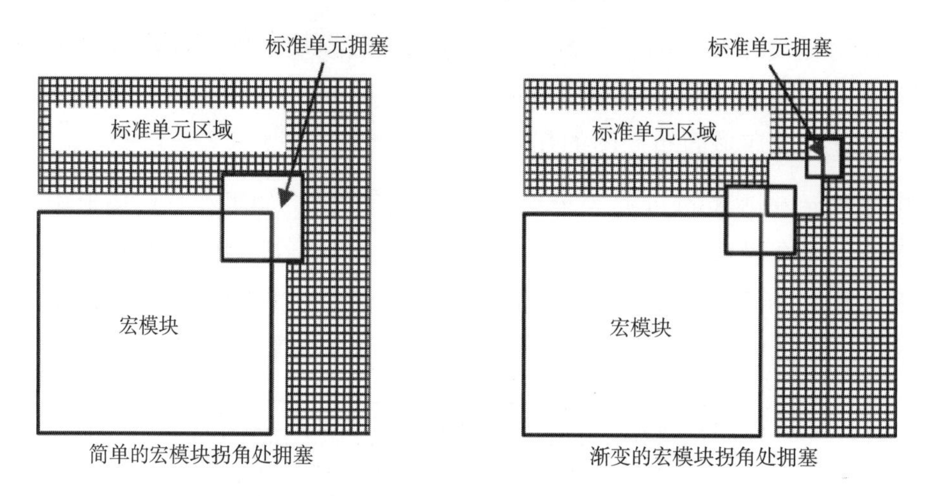

图 2.10 宏模块拐角处的标准单元拥塞

在优化平面布局图和宏模块布局之后，放置标准单元并执行连通性分析。连通性分析是研究宏组、宏模块、I/O PAD 和相关标准单元之间连接的过程。连通性分析还用于识别具有大量直接连通性的宏模块，并相应地定义其位置。

这种分析是通过使用所谓的飞线进行的。当通过物理设计或布局布线工具激活飞线时，图形用户界面（GUI）将显示标记当前选定器件（例如标准单元、宏模块或 I/O PAD）之间连接的线。使用飞线，可以分析和识别移动或旋转宏模块时产生较短走线的情况，从而在物理设计周期的布局规划阶段提高整体 ASIC 可布线性。

2.8 时钟规划

时钟规划是布局规划中的一个重点。时钟分配网络实现的思想是以对称结构的方式向设计中的所有时钟元件提供时钟。

尽管大多数 ASIC 设计使用时钟树综合，但时钟树综合对于非常高性能和同步的设计可能不够。在这种情况下，需要手动实现分布式时钟网格，以便最小化由于传输元件的线电阻和电容而导致的传输元件之间的信号偏斜。

手动实现时钟分配网络的基本思想是构建一个低电阻 / 电容网格，类似于电源和接地网，覆盖整个逻辑核心区域，如图 2.11 所示。

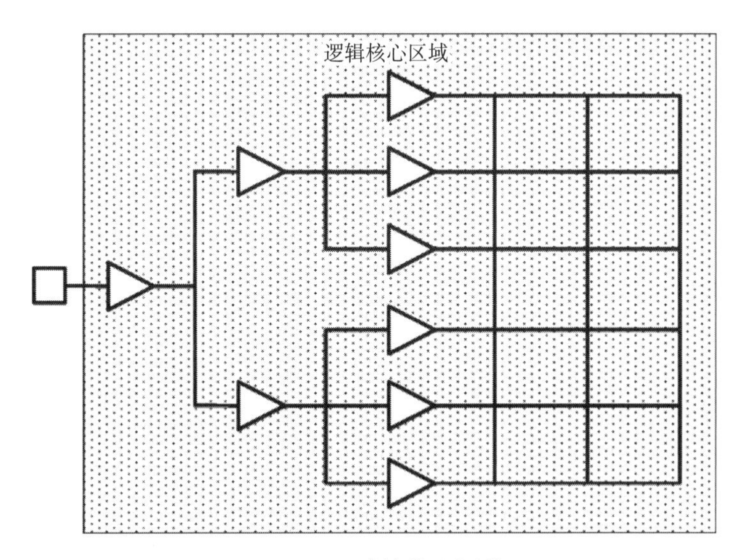

图 2.11 时钟分配网络

需要注意的是，这种类型的时钟网格不依赖于时钟缓冲器等组件的匹配。然而，它可能会呈现系统时钟偏差。

为了最小化这种时钟偏差，在时钟规划期间应使用平衡每个时钟缓冲节点的上升和下降时间的时钟树，使热电子效应最小化。当电子获得足够的能量从沟道逃逸到栅极氧化物时，就会出现热电子的问题。

栅极氧化物区域中热电子效应的存在导致器件的阈值电压改变，从而改变时钟缓冲器的延迟，这又会导致额外的偏斜。因此，平衡所有时钟缓冲器的上升和下降时间意味着热电子效应以相同的速率影响时钟缓冲器，从而最小化不可预测的偏斜。

必须认识到，时钟网格因一直处于活动状态而产生大量功耗，并且由于布局规划约束，不能使功耗均匀分布在整个芯片上。

时钟规划非常适合层次化物理设计。这种类型的时钟分配是在芯片级手动制作的，为单独布局和布线的每个子模块提供时钟。

为了最小化所有子节点之间的时钟偏差，必须确定每个子模块的时钟延迟，并相应地规划时钟的设计。

图 2.12 说明了典型的层次化时钟规划。

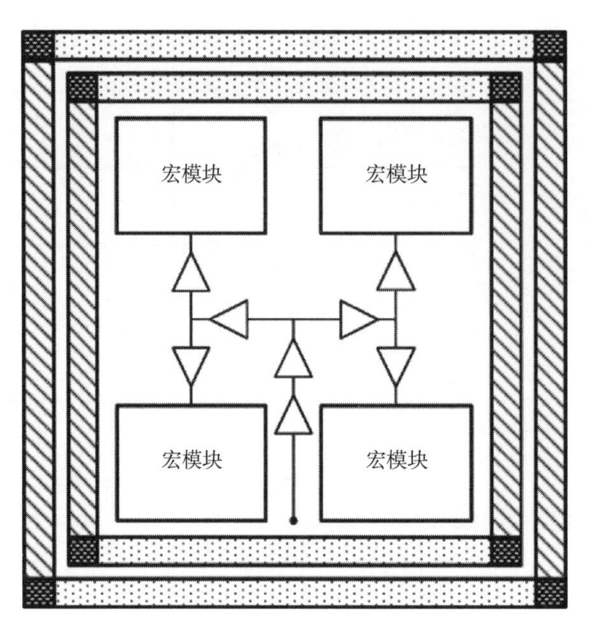

图 2.12 层次化时钟规划

2.9 总 结

在本章中，我们解释了物理设计数据准备、ASIC 物理设计和布局规划备选方案。

在数据准备部分，我们提供了物理设计工具所需的技术文件的一般概念，并提供了 Verilog 结构网表的示例，其中包含对其语法和关键字的最常见描述。

在设计约束部分，我们讨论了几个重要的时序和设计约束及其对 ASIC 物理设计质量的影响。

在设计规划部分，我们概述了不同布局规划风格（主要是展平式布局和层次化布局）的基本原理及其优势，并解释了基本的布局规划技术。

此外，我们还概述了设计的自动划分以及 ASIC 设计的端口优化和面积最小化的重要性。我们应该注意到，布局规划风格的选择取决于许多因素，如 ASIC 的类型、面积和性能，并且严重依赖于个人的物理设计经验。

在 I/O 部分，我们解释了布局，并给出了关于耦合电容和开关电感的基本准则。

在电源和接地部分，我们展示了几种创建电源和接地线连接的方式。同样，根据布局规划风格，电源和接地连接的设计需要满足 ASIC 电源要求，并且可以根据设计而变化。

在宏模块布局部分，我们根据行业实践说明了各种宏模块布局。此外，我们应该注意，无论在布局规划过程中使用何种风格的宏模块布局，经过深思熟虑的布局都会在性能和面积方面提高最终 ASIC 设计的质量。

最后，在时钟规划部分，我们简要讨论了手动时钟规划拓扑及其对高速设计应用的重要性。

图 2.13 展示了物理设计布局规划阶段所涉及的基本步骤。

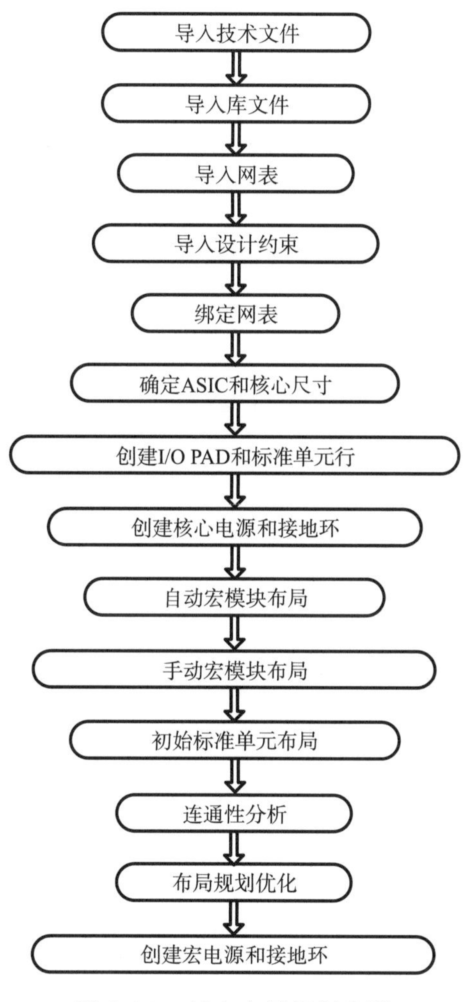

图 2.13　基本布局规划步骤

参考文献

[1] Eli Sternheim, Rajvir Singh, Rajeev Madhavan, Yatin Trivedi. Digital Design and Synthesis with Verilog HDL. Automata Publishing Company, 1993.
[2] Naveed Sherwani. Algorithms for VLSI Physical Design Automation, 2nd ed. Kluwer Academic Publishers, 1997.
[3] R.Jacob Baker, Harry W.Li, David E.Boyce. CMOS, Circuit Design, Layout and Simulation. IEEE Press Series on Microelectronic Systems, 1998.

第3章 布 局

困难不在于新思想，而在于摆脱旧思想，这些旧思想对我们大多数人来说都是在成长过程中形成的，渗透到我们思想的每一个角落

——约翰·梅纳德·凯恩斯

标准单元布局和在时钟路径插入缓冲器或时钟树综合（clock tree synthesis，CTS）是 ASIC 物理设计中最重要和最具挑战性的阶段。

标准单元布局的目标是将 ASIC 组件或单元映射到由行定义的 ASIC 核心区域或标准单元布局区域的位置上。标准单元必须布局在指定的区域（即行）中，使得 ASIC 可以被有效地布线并满足其整体时序。ASIC 物理设计中标准单元布局对物理设计的面积优化、走线拥塞和时序收敛有非常关键的影响。当今几乎所有的物理设计工具都使用各种算法来自动放置标准单元。尽管这些布局算法非常复杂，并且不断优化，但基本理念保持不变。

在物理设计的早期，布局标准单元的总面积由标准单元行所需的面积和通道布线所需的面积组成。随着布局布线工具的进步，标准单元通道布线几乎已经消失，因为今天所有的工具都能够在标准单元上进行布线，可以充分利用标准单元上的所有空白空间，这允许物理设计者创建一个尽可能紧凑的 ASIC，而无须为布线目的创建额外的通道。

随着布线通道的消失，布线拥塞问题变得越来越重要。在标准单元布局期间，必须避免过度拥塞导致的布线资源局部短缺。在标准单元内布线中，大多数工具的目标是利用所有可用的核心区域来防止走线溢出。这种走线溢出会导致 ASIC 器件尺寸增加、性能下降。

标准单元布局可以被认为是一个自动过程，需要较少的物理设计者干预。然而，在标准单元布局期间可以应用许多设计约束，以实现关于面积、性能和功率的最佳 ASIC 设计。这些约束可以是拥塞、时序、功率或其任意组合。

大多数布局布线工具分两个阶段来布局标准单元，即全局布局（global placement）和局部布局（detail placement）。全局布局的目标是最小化互连导线长度，而局部布局的目标是满足诸如时序和拥塞等设计约束，并最终确定标准单元的布局位置。

3.1 全局布局

首次创建平面布局图时，标准单元处于浮动状态。这意味着它们被任意布局在 ASIC 核心中，并且没有被分配到标准单元行内的固定位置。此时，可以划分标准单元区域并将一组标准单元分配给这些分区，或者简单地将一组标准单元分组。

几乎所有的布局布线工具都支持聚类（cluster）和区域（region）两个选项，这两个选项用于指导标准单元的布局。

聚类指的是在布局期间一组标准单元彼此靠近放置。在所有标准单元被完全布局之前，聚类的位置是未知的。此选项主要用于在布局期间控制关键时序组件的接近程度，类似于结构网表中的模块定义。但是随着布局算法（如互连驱动）的发展，除非在非常特殊的情况下，很少使用此选项。图 3.1 显示了标准单元聚类的示例。

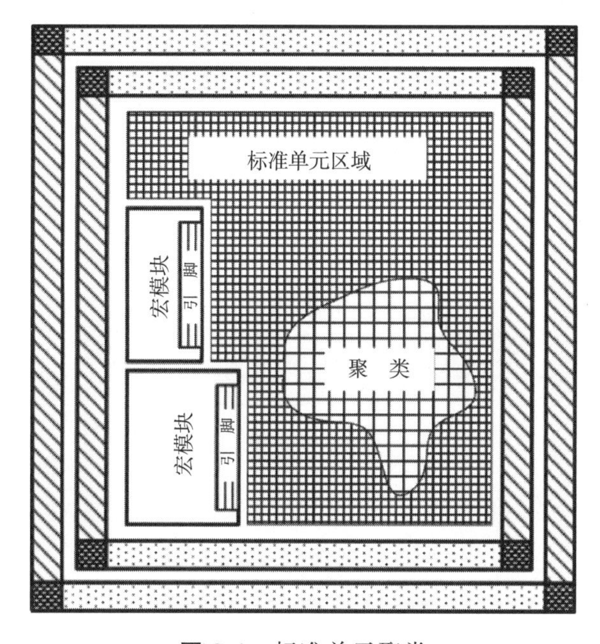

图 3.1 标准单元聚类

区域与聚类方法非常相似，只是区域的位置是在标准单元布局之前定义的。该选项的实现方式是创建一个聚类或一组标准单元，然后将其分配给 ASIC 核心上的特定区域。

区域的类型可以是软（soft）的或硬（hard）的。软区域，是指逻辑模块被分配到区域核心和边界中的位置的物理约束，在标准单元布局期间可能会发生变化；硬区域比软区域更严格，并为模块化设计定义了物理分区，在布局过程中可以防止标准单元穿越“硬”边界。使用硬区域选项，必须定义区域的位置和形状。此选项主要用于时序的相关模块，如分组时钟、电压或阈值电压区域。

此外，区域可以是独占的或非独占的。独占区域仅允许将分配给该区域的标准单元布局在该区域内；非独占区域允许不属于该区域的标准单元布局在其中。硬区域（或具有预定义物理边界的独占区域）可用于强制实施一个由独立块组成的布局规划。这种方法对于将 ASIC 核心区域按照不同功能或不同物理方面来划分区域是有用的。例如，硬区域可用于划分 ASIC 核心区域，使一个区域与设计的其他区域具有不同的电压，如图 3.2 所示。

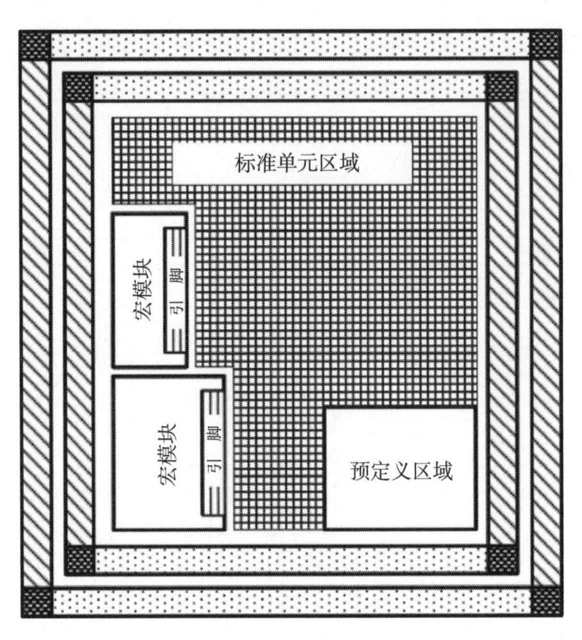

图 3.2 预定义区域

在定义了聚类和区域之后，全局布局开始在可用的 ASIC 核心上均匀分布标准单元，并使用一种估计的方法来最小化走线长度。

在此期间，ASIC 设计沿着交替的水平和垂直切割线递归地划分，将标准单元分配给矩形槽，然后，每个槽中的器件在每个切割线上移动，以最小化每个分区之间的连接数。

当满足某些停止条件（例如每个单元中的标准单元总数）时，划分和沿切割线移动标准单元的过程终止。设计分区完成后，执行规范化步骤以移除任何标准单元重叠，并将当前位置调整到行结构中。

这些类型的全局布局算法被归类为基于分区的。与基于分区的算法相关的主要成本函数有两个：减少总布线长度，并在 ASIC 核心区域均匀分布标准单元，从而实现垂直布线和水平布线之间的最佳平衡。

在全局布局期间，有三种方法被广泛用于划分 ASIC 设计（也称为最小割算法）[1]：

（1）正交布局。正交布局交替地将 ASIC 核心区域在垂直和水平方向上划分为器件数量相等的两部分，并最小化每个方向上的互连数量或切割尺寸。垂直和水平切割线从核心的中心开始，并递归地继续划分标准单元，直到切割尺寸最小化，不再可能进行水平或垂直分区。

正交算法产生一组块或象限，每个块或象限中很少有标准单元。这样，一个非常简单的布局算法可以使每个象限中的这些标准单元合法化。

基于象限的布局方法的一个优点是它在水平和垂直布线之间产生平衡，而没有拥塞区域。出于这个原因，大多数布局布线工具在其初始或全局布局期间使用此算法。

图 3.3 显示了使用正交最小割划分 N 个标准单元。

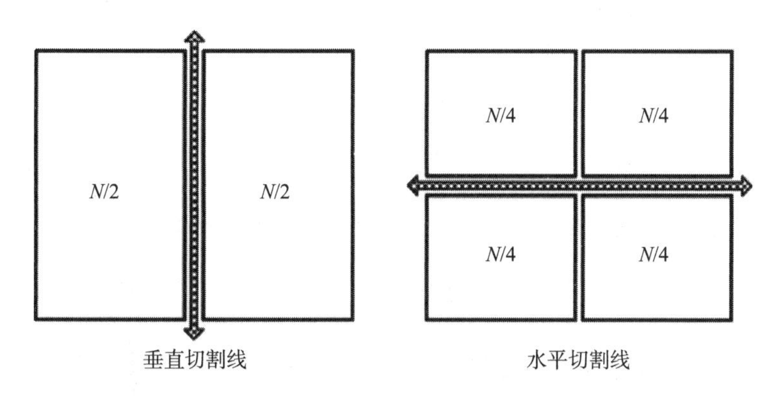

图 3.3 正交最小割

（2）二分布局。二分布局根据标准单元行方向，通过垂直或水平切割线重复分割或二等分设计，直到槽包含一行或两行。此时，每个标准单元的位置将是任意的。

为了使每一行中每个标准单元的位置合法化，标准单元行被垂直或水平切割线递归地一分为二，以固定或优化每个标准单元的位置，但不一定会最小化分区之间的切割尺寸数量。

图 3.4 显示了使用水平二分最小割划分 N 个标准单元。

（3）切片 / 二分布局。切片 / 二分算法划分 N 个标准单元，使得较小的分区 N/k 可以通过水平切片分配给标准单元行。

式（3.1）是将 N 个标准单元划分为 k 个组的切片 / 二分的基本原理：

$$\frac{(k-1)N}{k}+\frac{N}{k}=N \tag{3.1}$$

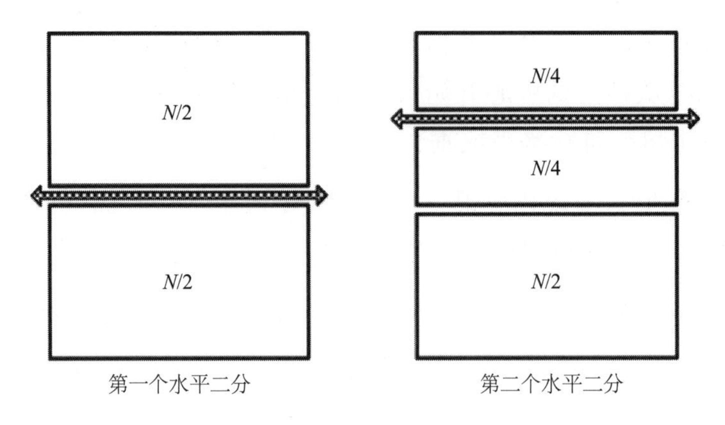

图 3.4 水平二分最小割

重复切片 / 二分，直到所有标准单元都已分配给行。一旦将所有标准单元分配给行，则应用递归垂直平分切割线，通过按列移动标准单元来最小化每条切割线之间的互连。

在二分过程中，所有标准单元的放置都是合法的，交叠的单元将被删除。

图 3.5 显示了使用切片 / 二分最小割划分 N 个标准单元。

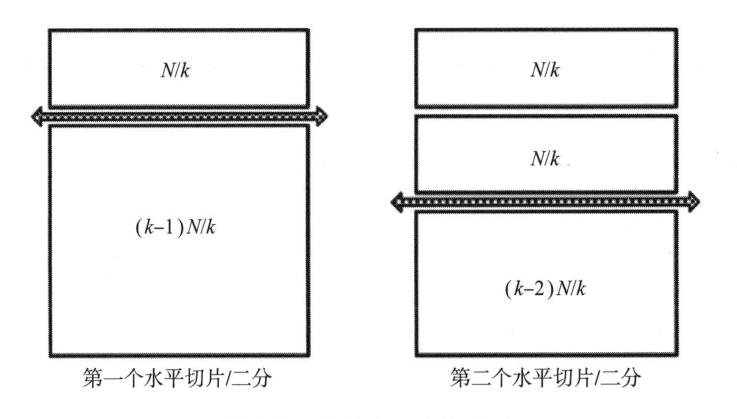

图 3.5 切片 / 二分最小割

除了基于分区的布局算法[2]，还有其他布局算法，如聚类、模拟、随机演化和基于分析的布局算法。

在基于分析的布局算法中，二次布局技术[3, 4]由于其处理非常大的 ASIC 设计的效率，在过去十年中获得了广泛的吸引力。

二次布局的基本概念是基于两个假设来解决全局布局：一是所有标准单元都是点器件，二是与它们相关的所有网络都是两点网络（即所有多个连接都将被预处理以形成两个引脚连接），因此，实现了线性方程的稀疏系统的生成，其中每个系统表示具有最小平方线长的一维布局问题。

使用最小平方线长，器件 i 和器件 j 之间的导线长度距离的成本函数为

$$\Phi(\boldsymbol{x},\boldsymbol{y})=\frac{1}{2}\sum\nolimits_{i,j=1}^{n}c_{ij}\left[\left(x_i-x_j\right)^2+\left(y_i-y_j\right)^2\right] \tag{3.2}$$

其中，(x_i, y_i) 和 (x_j, y_j) 表示器件 i 和 j 的坐标。

就线性系统而言，其思想是引入 $\boldsymbol{C}=[c_{ij}]$ 作为对称连通矩阵，并引入修正连通矩阵 $\boldsymbol{B}$，使得

$$\boldsymbol{B}=\boldsymbol{D}-\boldsymbol{C} \tag{3.3}$$

其中，$\boldsymbol{D}$ 是 $d_{ii}=\sum\nolimits_{j=1}^{n}c_{ij}$ 的对角矩阵。

利用修正连通矩阵，可移动标准单元的成本函数可通过下式计算：

$$\Phi(\boldsymbol{x},\boldsymbol{y})=\boldsymbol{x}^{\mathrm{T}}\boldsymbol{B}x+\boldsymbol{y}^{\mathrm{T}}\boldsymbol{B}y \tag{3.4}$$

其中，$\boldsymbol{x}^{\mathrm{T}}=[x_1, x_2, \cdots\cdots, x_n]$，$\boldsymbol{y}^{\mathrm{T}}=[y_1, y_2, \cdots\cdots, y_n]$。

尽管这是一个二维方程，但由于 $\boldsymbol{x}$ 和 $\boldsymbol{y}$ 之间的对称性和独立性，只需考虑一维问题（X 方向的一维布局和 Y 方向的一维布局形成二维布局）。

值得注意的是，二次布局的主要问题是，它为长走线带来了很高的成本，为短走线带来了非常低的成本。因此，分布在 ASIC 核心区域上的高度连接的模块或聚类具有增加布线拥塞的趋势，并且可能降低满足时序或其他设计约束所需的布线资源灵活性。

如前所述，全局布局算法定义了标准单元初始布局位置。在此期间，如果初始时序指示关键时序路径具有较大的时序违例，则可以使用缓冲器的优化来克服与高扇出网络、长走线和逻辑重构相关的问题。

此外，如果 ASIC 设计使用扫描测试方法，则连接到寄存器的下一个扫描数据输入端口的寄存器的原始数据输出端口可以根据其位置重新排序。

如果两个连接的寄存器彼此相距较远，则扫描重新排序可以改善布线拥塞。因为这种扫描链重新排序纯粹是基于连接的，所以它可能导致某些扫描数据输入端口相对于输入时钟的保持时间违例。这些类型的违例通常在时钟树综合之后解决。

具有大量扇出（如复位信号）的网络的问题在于一个源驱动 ASIC 核心上的许多标准单元。虽然这些网络从时序角度来看并不重要，但由于其全局

性，它们对核心布线区域产生了强烈影响。因此，减少这些扇出的总数将改善ASIC核心区域的整体布线。将一个标准单元连接的扇出（或连接）数量减少到40到50之间是合理的。

长走线与高扇出网络不同，它们本质上不是全局性的。它们有非常小的扇出，但驱动器件位于远离接收器件的位置。通常情况下，接收器件与驱动器件以外的器件具有非常强的连接性。

这些类型的长走线是高电阻的，并且可以在接收器件单元的输入端口处产生大的输入转换时间。这种大的输入转换时间增加了接收器件的传播延迟。因此，使用缓冲器件分割这些长走线是有益的。

在全局布局期间使用的另一个时序优化是逻辑重构。逻辑重构主要由物理综合工具支持，这些工具将几个主要逻辑功能组合为几个标准单元，将功能门分解为其等效的主要逻辑门，或复制组合逻辑。

在全局布局期间使用的逻辑重构算法主要关注不满足所需时序约束的关键路径的逻辑重构。该算法的目标是重新排列关键路径中的逻辑，以满足时序约束。

3.2 局部布局

一旦所有标准单元被全局布局，则执行局部布局算法以基于拥塞、时序和功率要求来优化它们的布局。

拥塞改善或以拥塞为驱动的布局对于具有非常高密度的ASIC设计更为有益，局部布局器的目标是使标准单元彼此隔开，从而在它们之间创建更多的布线通道。

拥塞布局的质量直接关系到全局布局器如何划分设计，并可能对芯片大小和性能产生负面影响。

对于最小的芯片大小，可以使用更多的布线层。在确定要使用的布线层总数时，必须考虑要么增加芯片大小，要么使用额外布线层。在某些情况下，增加芯片尺寸可能比增加额外的布线层（即额外的掩模）更经济。

时序驱动的布局算法被分类为基于网络的或基于路径的。基于网络的方案试图通过施加上限延迟或通过向每个网络分配权重来控制信号路径上的延迟。

基于路径的方法将约束应用于小型子电路的延迟路径（基于路径的算法的缺点是无法枚举设计中的所有路径）。

时序驱动布局的主要挑战是优化大的路径延迟集，而不在 ASIC 设计中列举它们。这种优化是通过交错加权连接驱动布局和时序分析来实现的，时序分析用设计约束信息来注释分立器件、网络和路径延迟。

为了满足这些类型的设计约束，已经提出或使用了各种布局技术。最著名的局部布局方法是模拟退火算法。模拟退火算法不仅有效，而且可以处理复杂的设计约束。

模拟退火是一种基于模拟的布局技术，在局部布局过程中用作迭代改进算法。此过程的目的是为每个预先布局的标准单元找到最佳或接近最佳的布局。

这种方法类似于在低能量状态下生产固体的材料科学。例如，为了在低能量状态下产生完美的晶体，材料被加热到高温，然后缓慢冷却形成固体。这种凝固过程基于这样的假设，即在任何给定的温度下，结构变化的概率分布都是由受玻尔兹曼分布定理 [即 exp（E/kT）] 支配的能级引起的。当温度较高时，系统可以发生根本性变化，并且允许许多不会降低能量水平的变化。随着温度降低，允许的非最佳变化越来越少，直到达到最佳状态。

从计算角度来看，类似于凝固理论（模拟退火）的概念被应用于布局优化问题。在此过程中，使用成本函数 ΔC 代替能量，并且使用温度 T 作为控制参数，以迭代地改进初始预布局的标准单元。选择初始预布局的标准单元，并迭代优化其布局。

在优化过程中，所有不增加成本的配置更改都被接受，如同在任何迭代改进过程中一样。玻尔兹曼分布的物理表示 [exp（$\Delta C/T$）] 被用作退火元素，以确定成本增加的配置的验收标准。接受概率可由下式给出：

$$
\begin{aligned}
P &= 1, & \Delta C \leqslant 0 \\
P &= \exp\left(-\frac{\Delta C}{T}\right), & \Delta C > 0
\end{aligned}
\tag{3.5}
$$

模拟退火算法从初始标准单元布局的非常高的温度开始。温度根据退火的计划缓慢降低，使得成本的增加具有逐渐降低的接受概率。

随着温度的降低，只有降低成本的尝试才会被接受。因此，可以进行较少的非最佳布局。从根本上讲，较高的初始温度设置或成本函数将在过程开始时导致更多的尝试，进而导致更长的优化时间。

图 3.6 显示了成本与尝试总数的关系。

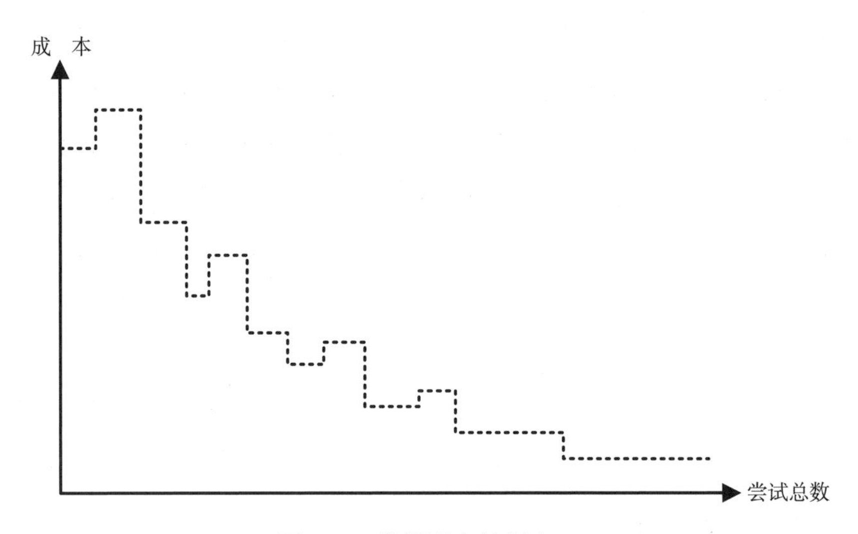

图 3.6 模拟退火的概念

模拟退火优化可以用于时序、拥塞或功率。在优化过程中，选择一个优化标准并将其应用于初始或全局布局。

成本函数用于指示给定布局的可取性，并计算从当前布局到新布局的成本变化。重复这些优化过程，直到满足所有条件或超过指定的运行时间。

时序优化是任何物理设计中最具挑战性的领域之一，这种优化可以是基于负载的或基于增益的。

基于负载的优化已经使用了一段时间。在基于负载的优化过程中，使用互连线电容模型来近似走线负载或互连电容。然后，优化算法基于互连线电容模型预测的估计负载来决定标准单元的驱动强度（即增大或减小参数），以满足所需的时序约束。

在物理设计的早期，这种方法是足够的，因为器件的固有延迟占主导地位。此外，相比之下，容性负载对外部延迟的影响较小，并且线宽较大，走线电阻较低。因此，线负载模型可以准确地估计电容负载效应。

不幸的是，随着设计尺寸的增加，在物理设计完成之前，这些估计的线负载模型不再能够准确预测实际的走线长度。如果逻辑综合工具在已知实际线负载之前使用估计的线负载模型来选择器件驱动强度，则可能发生在时序收敛期间改变相关参数的无限迭代过程。

图 3.7 说明了根据估计电容负载与实际电容负载，在布局前和布局后进行参数调整的无限迭代过程。

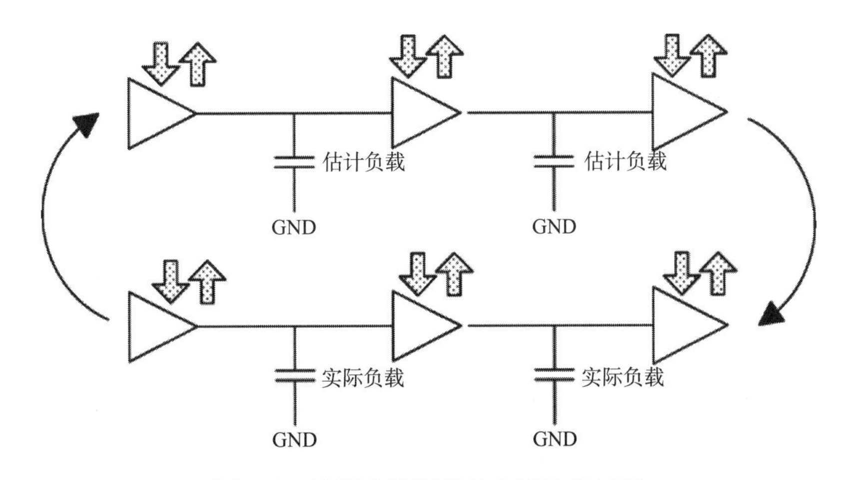

图 3.7 进行参数调整的无限迭代过程

随着更大的 ASIC 尺寸和晶体管参数的优化，容性负载的时序影响变得更为显著，并且由于小线宽而导致的线电阻不能被忽略。实际线负载与线负载近似值有很大不同，使得互连线电容模型的使用不准确。

线负载模型和实际线负载（例如布线后）的这种差异可能导致 ASIC 时序收敛期间的无限迭代过程。为了克服这个迭代过程，建议在基于负载的优化过程中使用全局布线，使初始全局布线和最终详细布线密切相关。

对于与互连线电容模型相关的深亚微米和可预测性问题，由于与负载无关的单元延迟[5]概念的提出，基于增益的优化正被广泛使用。

基于增益的优化思想依赖于逻辑门时序影响的概念。逻辑门时序影响的方法简单地重新表述了一个经典的 CMOS 延迟模型，并用一些新的术语来表达它。

如第 1 章所述，CMOS 延迟模型包含两个参数：固有（恒定）和非固有（与输出电容成比例）延时。在逻辑门时序影响模型中，固有延时称为寄生延迟（parasitic delay），非固有延时称为努力延迟（effort delay）。通过 CMOS 门的总延迟可使用寄生延迟和努力延迟表示如下：

$$d = p + f \tag{3.6}$$

其中，p 是寄生延迟；f 是努力延迟。两者均以 τ 为单位测量。τ 值基于用于给定 ASIC 设计的半导体工艺的特性。

努力延迟可以被视为对输出电容的电气努力和逻辑努力，即驱动电容的能力。因此，努力延迟表示为：

$$f = gh \tag{3.7}$$

其中，g 是逻辑努力；h 是电气努力。

逻辑努力根据其拓扑结构决定标准单元产生输出电流的能力，并且与电路中使用的晶体管的大小无关。换句话说，逻辑努力以复杂性而不是晶体管大小来描述延迟。因此，标准单元或门越复杂，其速度就越慢。

逻辑努力由标准单元中晶体管总数与反相器（库中最小的单元）中晶体管总数的比率来定义：

$$g = \frac{T_{\text{gate}}}{T_{\text{inverter}}} \tag{3.8}$$

其中，T_{gate} 是标准单元中晶体管总数；$T_{\text{inverterv}}$ 是反相器中晶体管总数。在具有两个 PMOS 和一个 NMOS 晶体管且上升和下降延迟时间相等的典型反相器中，$T_{\text{inverterv}}$ 和 T_{gate} 的值等于 3，逻辑努力等于 1。

电气（或增益）努力表达了与其输出电容相关的标准单元的电气行为和性能。本质上，该参数表示标准单元的负载驱动能力，由下式给出：

$$h = \frac{C_{\text{l}}}{C_{\text{i}}} \tag{3.9}$$

其中，C_{l} 是输出电容；C_{i} 是输入电容。

将式（3.7）代入式（3.6），则标准单元延迟 d（单位为 τ）为

$$d = gh + p \tag{3.10}$$

其中，g、h 和 p 参数分别对标准单元延迟做出贡献。在标准单元延迟计算中，参数 g 和 p 与晶体管尺寸无关，而参数 h 与晶体管尺寸直接相关。通常，使用 τ 参数测量标准单元延迟。τ 参数只是给定标准单元库通过最小反相器的延迟。通常，反相器链用于测量 τ 的值。

在基于增益的优化期间，计算沿关键路径的每个标准单元的增益，然后，算法尝试在给定的时序路径内保持增益（时序路径中每个分量的增益相等意味着最佳时序）。在此过程中，如果一个器件由于其输出电容的增加而需要更多

的增益，那么其输入电容将被增加以保持原始增益。这种改变输入电容而不是改变基本标准单元驱动强度的技术表现出互连线电容负载独立性。

除了拥塞和 / 或时序优化之外，可以考虑在局部布局期间或时钟树综合之后的功耗最小化。ASIC 设计的功耗主要有两个来源：动态功耗和静态功耗。

动态功耗由下式给出

$$P_{\mathrm{d}} = V^2 \sum_{i=1}^{N} f_i C_i \tag{3.11}$$

其中，V 是电源电压；f_i 和 C_i 是设计中每个节点的频率和负载电容。

对于动态功耗优化，如式（3.11）所示，可以降低总体设计电源电压或节点负载电容。通过选择需要较小额定功率的 CMOS 工艺来实现电源电压的降低。通过限制标准器件布局期间的最大允许负载电容，可以实现节点电容的总体降低。应注意，由于缓冲器插入过多，限制最大允许负载电容对面积有负面影响。

动态功耗的另一来源是由标准单元输入处的信号转换时间引起的。当 CMOS 门被输入信号（上升和下降）切换时，如果转换时间足够长，则会出现 NMOS 和 PMOS 晶体管在短时间内同时导通的情况。当 NMOS 和 PMOS 晶体管同时导通时，将存在从电源到接地的直接路径，电流将流过该路径，而不会对栅极的实际操作（即对负载电容进行充电和放电）产生任何影响，从而导致电流泄漏。

由短路造成的功耗是

$$P_{\mathrm{t}} = I^2 \left(R_{\mathrm{p}} + R_{\mathrm{n}}\right) \tag{3.12}$$

其中，P_{t} 是转换功耗；I 是电源电流；R_{p} 和 R_{n} 是 PMOS 和 NMOS 栅极电阻。

用于减少转换功耗的一种方法是在标准单元布局期间控制输入最大转换时间，或者为库中的每个单独单元指定最大允许转换时间值。

由标准单元固有的电流泄漏造成的功耗为

$$P_{\mathrm{s}} = V \sum_{j=1}^{N} I_j \tag{3.13}$$

其中，P_{s} 是总静态功耗；V 是电源电压；I_j 是设计中每个器件的泄漏电流。所有标准单元均以其静态功耗为特征，其值在标准单元库中说明。

尽管静态功耗对于移动应用的设计来说非常低，但这种最小化静态功耗的优化正成为 ASIC 物理设计中的主要关注点，以延长设备使用时间。

静态功率优化是通过将 ASIC 设计中沿所有非关键路径的较低阈值标准单元替换为较高阈值电压单元（阈值越高，电流泄漏越低）来实现的。

总的来说，过多的静态功耗是高性能 CMOS 设计的一个限制因素，尤其是在深亚微米技术中，工艺本身具有大量的电流泄漏（例如更小的晶体管特征和更薄的栅极氧化物）。因此，要注意，在低功率技术映射之后，如果布局算法忽略了由于 ASIC 器件的电流泄漏而造成的功耗，则其他低功耗的努力是微不足道的。在当今电流泄漏快速增加的技术趋势下，具有能够优化功耗的布局算法是非常重要的。

3.3 时钟树综合

时钟树综合（CTS）的概念是沿着 ASIC 设计的时钟路径自动插入缓冲器 / 反相器，以平衡所有时钟输入的时钟延迟。自然，时钟信号被认为是全局（或理想）网络。

这些网络具有非常长的导线，因此它们表现出高电阻和电容。CTS 的原理是减少与这些长导线相关的 RC 延迟。这些长导线可以建模为分布式网络：

$$C\frac{\mathrm{d}V}{\mathrm{d}t}=\frac{\left(V_{i-1}-V_i\right)}{R}-\frac{\left(V_i-V_{i+1}\right)}{R} \tag{3.14}$$

其中，V 是导线中 i 点处的电压；R 和 C 是每个导线段的电阻和电容，如图 3.8 所示。

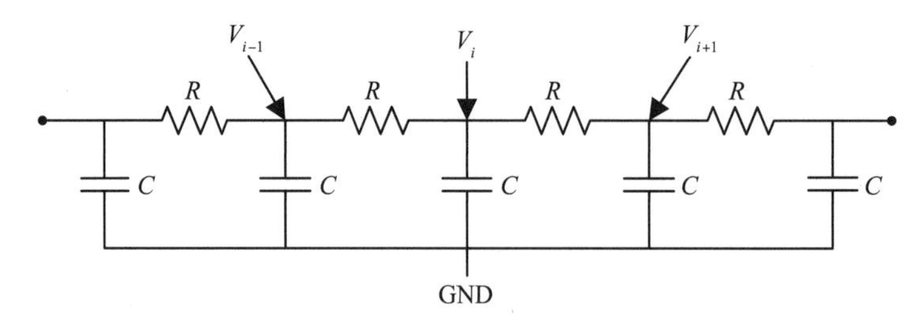

图 3.8　分布式 RC 网络

随着导线段数量的增加和每个导线段变小，式（3.14）可简化为与输入信号源相距 x 的扩散方程（$t=kx^2$）[6]：

$$rc\frac{\partial V}{\partial t}=\frac{\partial^2 V}{\partial x^2} \tag{3.15}$$

使用该分布式网络的离散分析，n 个导线段的信号延迟可以近似为

$$t_n = \frac{RCn(n+1)}{2} \tag{3.16}$$

随着段数的增加，式（3.16）的信号延迟减少为

$$t = \frac{rcL^2}{2} \tag{3.17}$$

其中，L 是导线的长度；r 和 c 分别是每单位长度的电阻和电容。

式（3.17）中的 L^2 项表明长导线的传播延迟往往受 RC 效应的支配。

减少这种影响的一种方法是沿导线插入中间缓冲器或中继器。由于互连被分割成 N 个相等的部分，导线传播延迟将被二次减少，这足以抵消式（3.18）中中继器引入的额外器件延迟：

$$t = rc\frac{L^2}{2N} + (N-1)t_{\mathrm{b}} \tag{3.18}$$

其中，t_{b} 是中继器的传播延迟。为了获得缓冲器或中继器的最佳数量，可以让

$$\frac{\partial t}{\partial N} = 0 \tag{3.19}$$

并求解 N：

$$N = L\sqrt{\frac{rc}{t_{\mathrm{b}}}} \tag{3.20}$$

事实上，这些缓冲器的实际大小可能不相同，为了获得最佳传播延迟，可以级联缓冲器，使其驱动强度 d 在时钟树路径的每一级单调增加一个因子 σ，如图 3.9 所示。

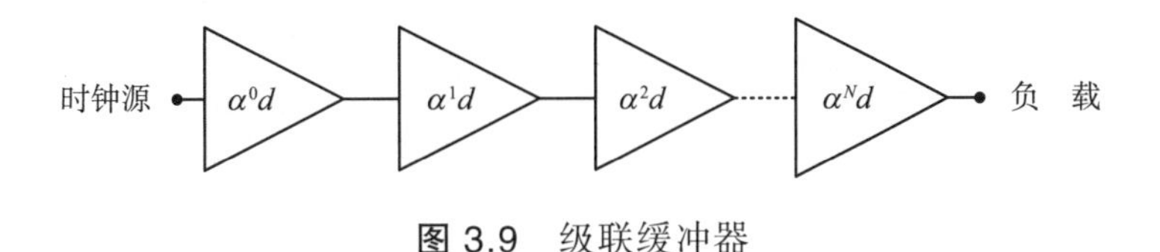

图 3.9 级联缓冲器

建议用于时钟路径的缓冲器具有相等的上升和下降延迟时间，其主要原因是保持原始占空比，并确保没有由于传播延迟的任何差异而产生时钟信号重叠。

当处理非常高速的ASIC设计时，这种重叠的时钟信号变得很重要。这些类型的缓冲器称为时钟缓冲器，与标准单元库中的正常缓冲器具有不同的属性。

在时钟树综合期间，时钟缓冲器或反相器的正确使用非常重要，尤其是在处理非常高速的时钟（即具有小周期的时钟脉冲）要求时。

在处理非常高速的时钟时，如果没有正确选择时钟缓冲器或反相器，可能会导致通过它们传播的时钟脉冲宽度在到达最终目的地之前降低。

图3.10说明了典型的时钟脉冲宽度衰减效应。

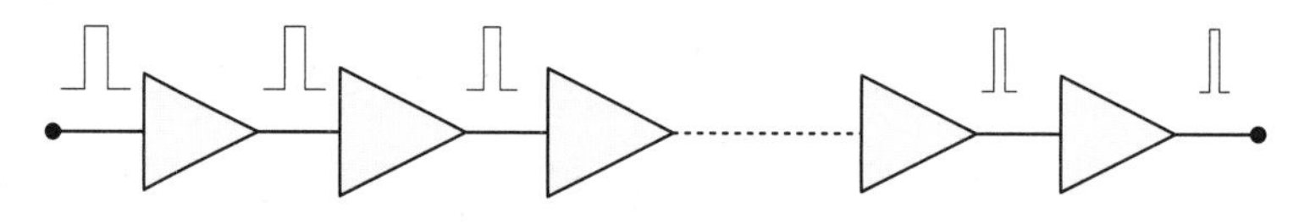

图3.10 时钟脉冲宽度衰减效应

在时钟树综合期间，通常很难在ASIC设计的背景下实现完美的信号上升和下降时间平衡。因此，克服时钟脉冲变窄的一种补救方法是使用反相器而不是缓冲器。

大多数时钟树综合算法在沿每个时钟路径插入时钟缓冲器期间使用Sum（∑）或Pi（∏）配置。

在Sum配置中，插入的缓冲器总数是每一级所有缓冲器的总和。由于缓冲器数量和导线长度不同，这种类型的结构呈现出不平衡的树。在该方法中，通过沿每个时钟路径的延迟匹配来最小化时钟偏斜，并且由于其非对称性，时钟偏斜高度依赖于工艺角。

图3.11显示了Sum配置时钟树。

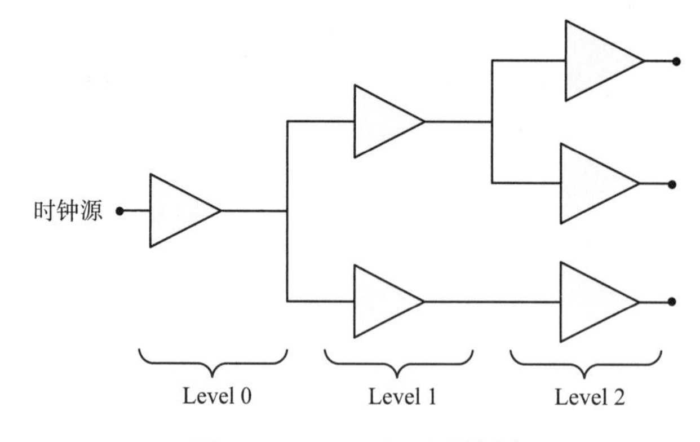

图3.11 Sum配置时钟树

在此配置中，时钟缓冲器的总数由下式给出：

$$N_{\text{total}} = n_{\text{level 0}} + n_{\text{level 1}} + n_{\text{level 2}} + \ldots + n_{\text{level } n} \tag{3.21}$$

在 Pi 配置中，沿时钟路径插入的缓冲器总数是前一级的倍数。这种类型的结构使用相同数量的缓冲器和导线，并依赖于在时钟树的每一级匹配延迟分量。

Pi 结构时钟树被认为是平衡的或对称的，缓冲器的总数由下式给出：

$$N_{\text{total}} = \left(n_{\text{level 0}} \times n_{\text{level 1}}\right) + \left(n_{\text{level 1}} \times n_{\text{level 2}}\right) + \ldots + \left(n_{\text{level}(n-1)} \times n_{\text{level } n}\right) \tag{3.22}$$

与 Sum 配置相反，在 Pi 配置中，由于对称性，时钟偏斜最小化，时钟偏斜的变化由工艺均匀性而不是工艺角决定。

图 3.12 显示了 Pi 配置时钟树。

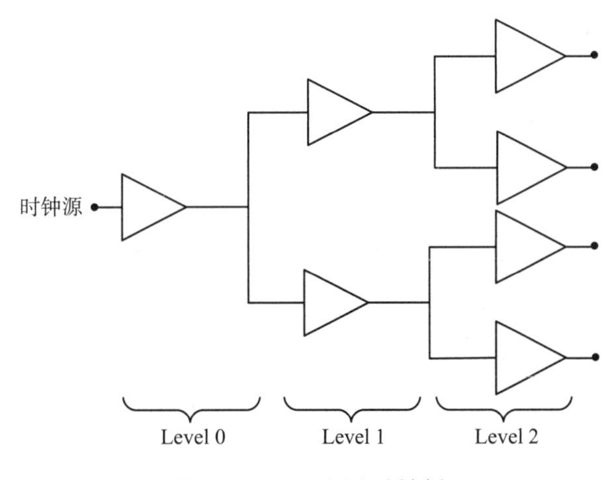

图 3.12 Pi 配置时钟树

当今在动态功耗发挥重要作用的 ASIC 设计中，无论时钟域的数量如何，Sum 配置都是最常用的。这是因为时钟树综合期间的缓冲器插入总数少于 Pi 配置中使用的缓冲器总数。

无论在时钟树综合期间使用哪种配置来插入缓冲器，控制时钟树质量的目标是在保持可接受的时钟信号传播延迟的同时实现最小的偏斜。分支寄存器的时钟差或相对于时钟源的偏差可以表示为

$$\delta = t_2 - t_1 \tag{3.23}$$

其中，δ 是两个分支寄存器（分支寄存器连接在时钟树的最后一级）之间的时钟偏斜，传播延迟时钟为 t_1 和 t_2，沿两个不同的时钟路径，如图 3.13 所示。

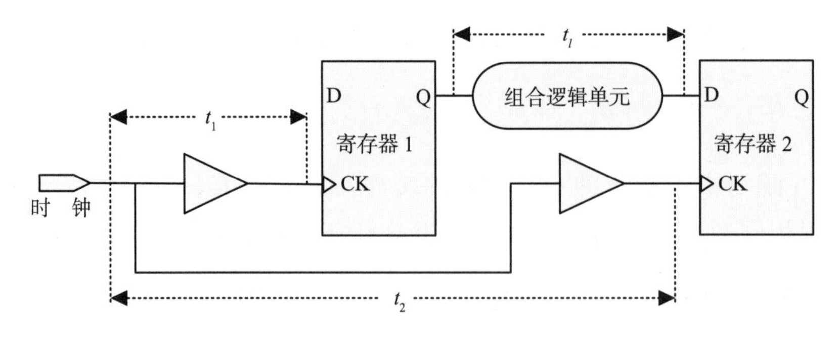

图 3.13 两个寄存器之间的时钟偏斜

为了使 ASIC 设计正常运行，必须满足以下条件：

$$\delta \leqslant t_1 \tag{3.24}$$

为了防止与图 3.13 中寄存器 2 的计算时间 t_l 相关的任何错误结果，时钟源的下限值由下式给出：

$$T \geqslant t_1 - \delta \tag{3.25}$$

其中，T 是时钟源周期。

时钟偏斜 δ 在多个时钟域的情况下可以是局部的，在单个时钟域的情形下也可以是全局的。时钟偏斜的根本原因可能是由于时钟布线的不均匀性和 / 或延迟分量的随机差异引起的。

引起延迟分量变化的主要原因是不同的器件尺寸、工艺梯度、刻蚀效应、电源电压变化、温度梯度或不匹配的最小晶体管沟道长度导致的。这些效应中的任何一个都会影响沿每个时钟路径的时钟传播延迟。

在过去，不同批次的晶圆组件延迟有所不同（一组晶圆同时经历该过程）。随着 ASIC 制造工艺的进步，晶圆和晶圆的差异变得明显。在当前的深亚微米工艺中，不同批次，或者同一批次的不同芯片的组件延迟都有一定偏差，这种偏差称为片上偏差（on-chip variation，OCV）。

随着时钟树复杂度和深度的增加，在设计实现过程中，需要考虑时钟树综合是否正确，并考虑片上偏差的影响。

时钟树上片上偏差导致的一个常见问题是，如果时钟树综合算法将时钟路径分支到时钟源附近，而不是靠近分支单元，则时钟可能会偏斜。

这意味着 CTS 算法必须能够在缓冲器插入期间尽可能使用公共路径。在这种情况下，沿着每个时钟路径的延迟差将是局部的，并且通过公共路径的延迟不会由于片上偏差而导致时钟偏斜。

在时钟树综合期间引入的公共路径导致在不同延迟计算期间的悲观延迟（pessimistic delay）。因此，在时钟路径延迟分析期间，公共路径也称为公共悲观路径（common path pessimism，CPP）必须移除。图 3.14 显示了两种不同的时钟树，一种是未考虑 OCV，另一种是考虑 OCV。

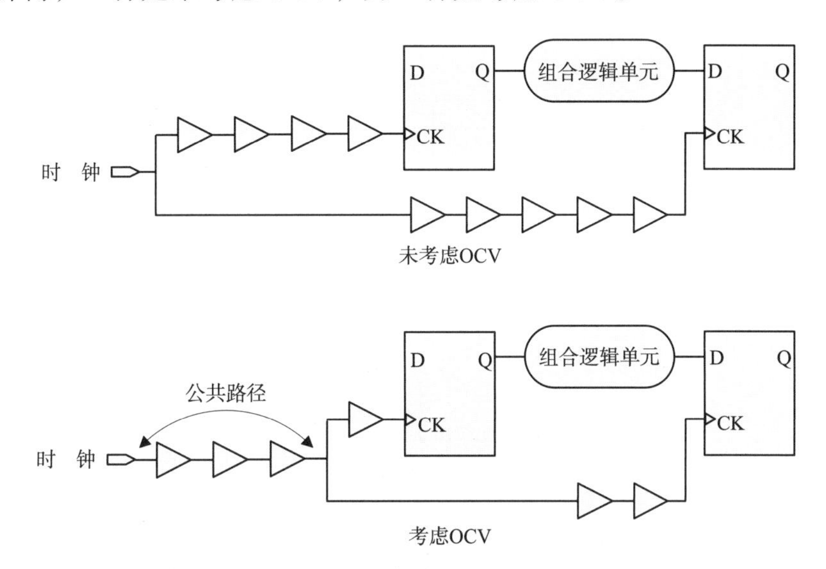

图 3.14 考虑片上变偏差和不考虑片上偏差的时钟树

时钟偏斜可以是正的也可以是负的，这取决于相对于时钟源和数据流的传播方向。

在正时钟偏斜的情况下，时钟与数据流的方向相同，并通过更严格的时钟偏斜约束提高任何给定 ASIC 设计的性能。

在负时钟偏斜的情况下，时钟的走线或结构使得其方向与数据方向相反，实际上消除了任何时钟偏斜要求。尽管这种时钟偏斜消除有改善器件时序的趋势，但设计中的保持时间要求可能会降低 ASIC 设计的整体性能。

默认情况下，大多数 CTS 算法基于正时钟偏斜进行操作。为了实现负时钟偏斜，可以将时钟延迟设置为负数。设置负时钟延迟会导致分支寄存器连接到时钟树的较低级别（即更接近时钟源）。

实际上，大多数 CTS 算法首先通过创建虚拟聚类来识别分支寄存器或汇点（例如未定义为时钟端口的标准单元的非时钟端口）。

通过识别彼此接近的 leaf cell 的位置来实现虚拟聚类。如果 leaf cell 远离任何聚类，它们将被移动到最近的聚类。

每个聚类的 leaf cell 数是用户定义的。一旦确定了聚类及其位置，就开始缓冲器插入，使得时钟传播延迟等于每个聚类，并且每个聚类内的时钟偏斜最小化。

图 3.15 说明了 leaf cell 虚拟聚类的基本概念。

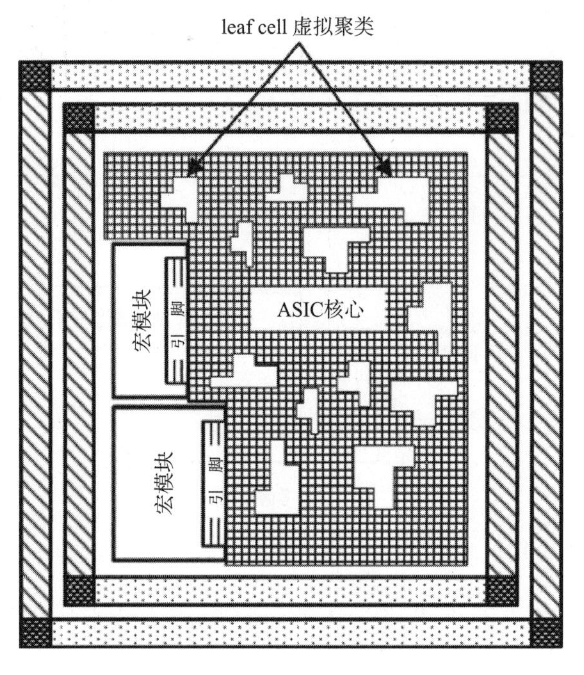

图 3.15 leaf cell 虚拟聚类

时钟树的层次结构可以根据物理设计工具进行用户定义或自动定义。需要注意的是，聚类越小，偏斜越小，但需要更多的时钟缓冲级，会增加整体时钟传播延迟。

在时钟树综合完成后，需要解决任何时序违例，例如相对于任何寄存器的时钟数据建立时间和保持时间。如果能够提供全局布线信息并进行适当的库设置（用于修复建立时间违例的慢参数库和用于修复保持时间违例的快参数库），则可以获得最佳结果。

时钟树综合的另一个重要课题是功耗。时钟分配网络占当前 ASIC 设计的总动态功耗的 30% 或更多。这是因为时钟网格在任何网络的最高开关频率下工作，并且通常具有相当数量的电容负载。因此，设计一个最佳的时钟树不仅对性能非常重要，而且对功耗也非常重要。

3.4 功耗分析

当前的 ASIC 设计目标是 130nm 及以下，适当的功耗分析不仅变得非常重要，而且不可避免。在这种纳米工艺尺度下，需要更薄的栅极氧化物，会产生强烈的电场，导致泄漏电流增加，直接影响性能，因此必须能够估计和分析动态功耗。

这种类型的分析依赖于知道 ASIC 设计中每个网络的工作频率和相应的负载电容。在实践中，这是非常复杂的计算（例如对整个 ASIC 进行功能仿真），并且几乎不可能获得有意义的结果。

为了克服这个动态功耗分析问题，一种方法是基于电源分配网络（即电源和接地走线）执行静态功耗分析，该电源分配网络被设计为向执行逻辑功能的晶体管提供所需的电压和电流。

在时钟树综合之后，必须对 ASIC 设计的电源网络进行详细分析，以降低电源电压（*IR*）下降、接地电压上升以及高电流引起的电迁移效应的风险。

今天可用的许多算法可以通过基于预期的 ASIC 总功耗和电流消耗来创建电源分配网络鲁棒性的图像，分析电源电压下降、接地电压上升和电迁移效应的影响，从而执行这种类型的静态功耗分析。

大多数静态功耗分析算法都基于欧姆定律和基尔霍夫定律，提取电源和接地布线的电阻，并建立这些网络的电阻网络或矩阵。

一旦形成电阻矩阵，则计算连接到电源分配网络的每个晶体管的平均电流，用恒定电压源替换电源分配网络。

图 3.16 说明了构建电阻和晶体管网络的原理。

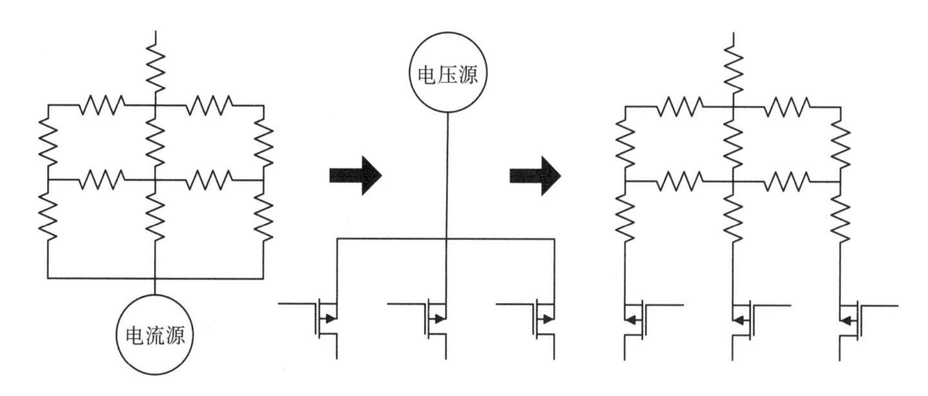

图 3.16 静态功耗计算方法

接下来，基于每个晶体管的位置在整个电源分配网络中分布平均电流，使用每个电源（例如电源接口）计算节点电压和分支电流密度。重复相同的过程来计算接地电压。

完成此过程后，以百分比形式收集超过用户指定值的计算值，以显示违反设计目标的情况。图 3.17 显示了典型功耗分析图像。

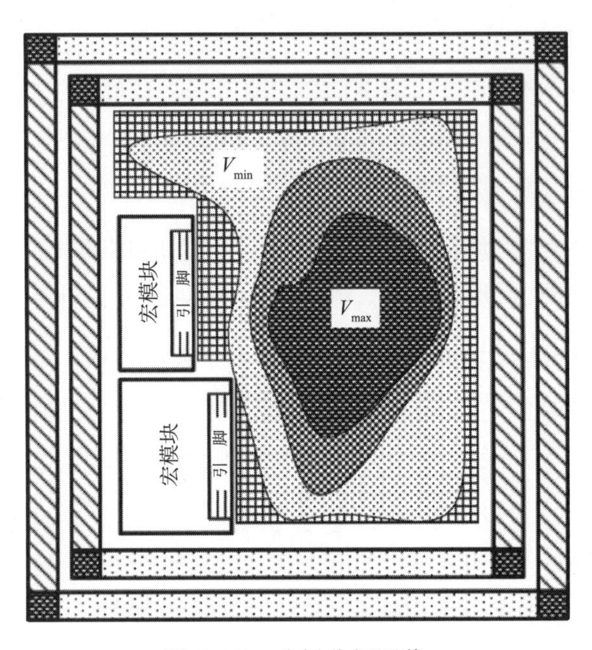

图 3.17 功耗分析图像

图 3.17 显示了 V_{max} 和 V_{min} 区域。V_{max} 区域对应于具有最大压降的区域，而 V_{min} 区域指示 ASIC 核心的最低压降区域。为了使 ASIC 设计正确运行，V_{max} 和 V_{min} 之间的差值加上由于接地电压上升和外部电源变化引起的电压必须小于标准单元库中定义的最坏情况电压。

大多数情况下，电源和接地布线不当会导致电压（*IR*）下降超过库中的指定值。在继续进行物理设计的下一阶段之前，解决电压（*IR*）下降至关重要。

重要的是要认识到，静态功耗分析方法使用电源和接地之间的去耦电容平滑了最大电源电压下降或接地电压上升，并且不包括局部动态效应，从而近似了动态切换对电源网络的影响。所以，为了避免静态功耗分析结果过于乐观，必须确保电源和接地之间有足够的去耦电容。

电迁移是功耗分析的另一个重要课题。高电流密度和窄金属线宽是电迁移失败的根本原因。解决此问题的基本方法之一是增加主要电源和接地线的宽度，并确保在手动布线期间，主要载流电源线上没有槽口。

3.5 总 结

在本章中，我们讨论了全局布局和局部布局的基础，以及时钟树综合和静态功耗分析的基础。

在讨论全局布局时，我们介绍了一些众所周知的算法，例如正交、二分和切片 / 二分。

在局部布局部分，我们介绍了模拟退火的基本原理，并解释了基于负载和基于增益的布局优化。尽管这些布局方法中的一些被认为是基本算法，但当今大多数参与设计物理设计工具的 EDA 开发人员经常使用这些经典技术来开发相对新的布局算法。然而，我们需要认识到，标准单元布局是任何 ASIC 设计自动化流程中的关键步骤之一，已经引起学术和工业研究人员的关注。本章中讨论的标准单元布局流程可视为经典方法。ASIC 设计的新趋势是将逻辑合成与更复杂的布局布线算法（例如布局综合）相结合，然后在统一的数据库中提供这些算法。

在时钟树综合部分，我们探索了使用不同样式（如 Pi 和 Sum 模型）沿时钟路径进行系统缓冲器插入的基本方法。在本节中，我们还解释了时钟偏斜的不同来源的概念，如片上偏差。

在功耗分析部分，我们解释了静态功耗分析的基本概念以及压降如何影响电路性能。

除了静态功耗分析，我们应该认识到，随着现代 ASIC 性能的提高，其动态功耗也会随之增加。功耗的增加对 ASIC 性能有部分影响，我们应该在物理设计期间分析这种影响。

考虑到涉及时钟树综合和功耗分析的布局步骤的复杂性，下一代布局综合工具不仅应该能够执行 ASIC 设计的布局和布线，还需要能够自动创建特定于设计的标准单元布局，并在布局期间同时对其进行参数化，以获得最佳设计性能和功率。

图 3.18 显示了布局阶段可能需要的基本步骤。

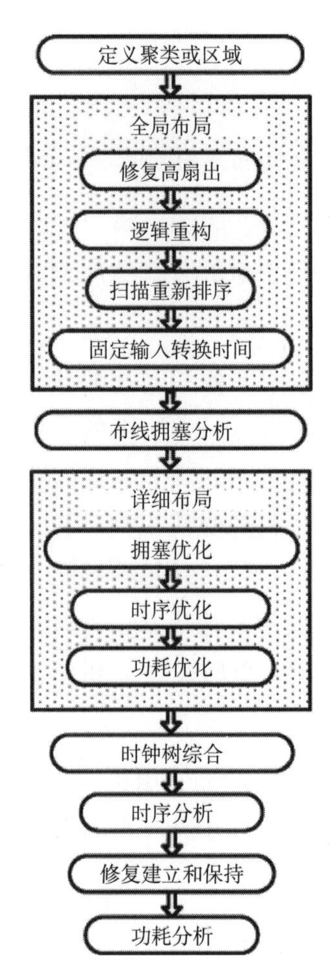

图 3.18 标准单元布局和时钟树综合步骤

参考文献

[1] M.A.Breuer. A Class of Min-cut Placement Algorithms. Proceedings, Design Automation Conference. IEEE/ACM, 1977: 284-290.

[2] Naveed Sherwani. Algorithms for VLSI Physical Design Automation, 2nd ed. Kluwer Academic Publishers, 1997.

[3] R.S.Tasy, E.Kuh.A Unified Approach to Partitioning and Placement. IEEE Transactions on Circuits and Systems, 1991, 38(5): 521-633.

[4] J.Kleinhans, G.Sigl, F.Johannes, K.Antreich. GORDIAN: VLSI Placement by quadratic programming and slicing optimization. IEEE Transactions on Computer-Aided Design, 1991, 10: 356-365.

[5] Sutherland, R.Sproull. The theory of logical effort: designing for speed on the back of an envelope. Advanced Research in VLSI, 1991.

[6] Neil H.Weste, Kamran Eshraghian. Principles of CMOS VLSI DESIGN, A Systems Perspective. Addison-Wesley, 1985.

第4章 布 线

每一项物理知识必定是一种关于已经完成或将要完成某个特定观察程序的结果的判定

——阿瑟·爱丁顿爵士

在完成标准单元布局和功耗分析之后，下一阶段是对 ASIC 设计进行布线，并提取布线和寄生参数，以便进行静态时序分析和仿真。

随着 ASIC 设计变得越来越复杂和越来越大（例如大量单元），布线变得越来越困难和具有挑战性。布线可能无法完成，或者需要不可接受的执行运行时间。除了布线算法之外，影响给定 ASIC 可布线性的因素还有标准单元样式的布局、精心准备的布局规划以及前面章节中讨论的标准单元布局的质量。

布线算法主要分为基于通道的布线器或基于标准单元内的布线器。基于通道的布线器在 ASIC 物理设计的早期被使用。这是因为半导体工厂无法处理大量金属层（例如两层或三层）。因此，在布线层数量有限的情况下，所有连接都被限制在单元之间或宏块（如存储器）周围的区域。

基本上，基于通道的布线器使用标准单元行（布线通道）和馈通（标准单元布局内的专用布线区域）之间的预留空间来执行器件之间的布线，如图 4.1 所示。

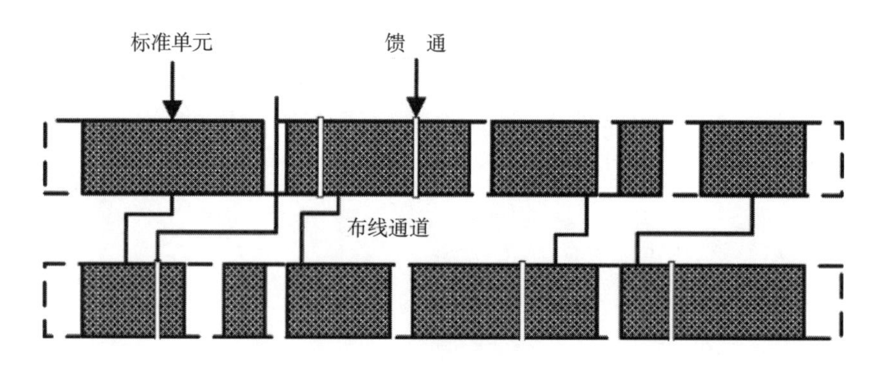

图 4.1 通道走线方法

随着半导体工艺的改进和布线层数量的增加，已经消除了具有馈通的布线通道和标准单元，并且在 ASIC 器件的物理设计期间，基于标准单元内的布线器被许多物理综合和布局布线工具广泛利用。

由于 ASIC 设计的固有复杂性以及与之相关的大量互连，总体布线分为三个阶段：特殊布线、全局布线和详细布线。

4.1 特殊布线

特殊布线用于标准单元、电源和接地连接。大多数特殊布线器使用线路探测算法。线路探测算法使用导线段将标准单元、电源和接地端口连接到 ASIC 电源和接地。

线路探测布线器使用生成的源和目标的连接列表（生成的连接列表可以是端口到端口、端口到线路或线路到线路）进行连接。导线段用于根据连接列表从目标开始进行布线，并探测线路，直到到达源。

这些生成的导线段不会穿过任何障碍物。如果它们穿过障碍物，可能会造成无法修复的设计规则违例。因此，需要确保电源和接地端口所在的位置没有障碍物。

在将电源和接地端口连接到主要电源和接地网络时，线路探测布线器使用端口的大小来设置电源和接地导线段的宽度。这种自动宽度设置可能不足以考虑电流密度，可能需要创建更多的电源和接地端口以满足电流密度要求。

如第 2 章所述，ASIC 设计中过大的电流密度会导致电迁移问题，从而降低器件的平均失效时间（mean time to failure，MTTF）[1]。

大多数 ASIC 芯片必须具有至少 10 年的 MTTF。平均失效时间由给定导线的电流密度和电迁移引起的故障通过 Black 方程表示：

$$MTTF = \frac{A}{J^2}\exp\left(\frac{E_a}{kT}\right) \tag{4.1}$$

其中，A 是金属常数；J 是电流密度（即每单位时间穿过单位面积的电子数）；k 是玻尔兹曼常数；E_a 是活化能；T 是温度。

由式（4.1）可知，电迁移导致的 MTTF 取决于两个参数——温度和电流密度。在电源和接地布线过程中，必须将电流密度作为解决电迁移问题的主要参数。

4.2 全局布线

全局布线是将 ASIC 设计互连分解为网络段，并将这些网络段分配给区域，而不指定其实际布局。因此，全局布线算法的第一步是定义布线区域或单元（即在所有边上都有终端的矩形区域），并计算其相应的布线密度。如图 4.2 所示，这些布线区域通常称为全局布线单元（global routing cells，GRC）。

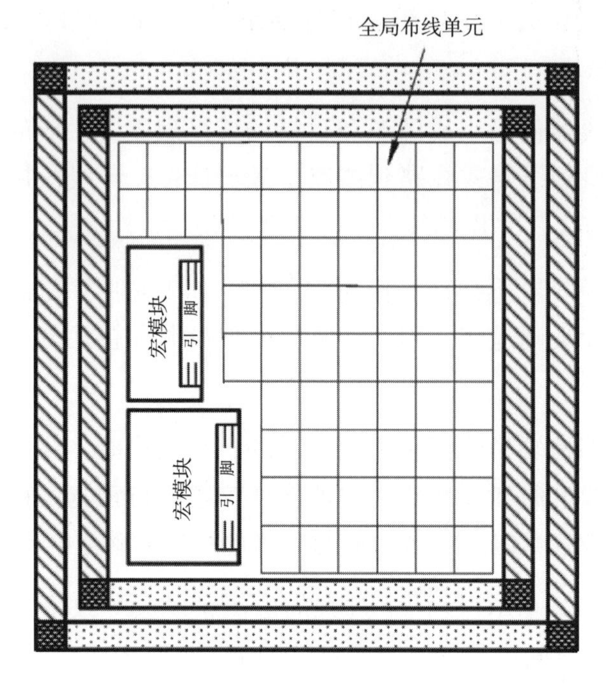

图 4.2 全局布线单元

这些单元的密度或容量定义为穿过布线区域的网络的最大数量，是技术文件中定义的布线层数量、垂直或水平方向上的单元高度、最小宽度和走线层数的函数，由下式给出：

$$C_{\mathrm{d}}=\frac{nh}{w+s} \tag{4.2}$$

其中，C_{d} 是全局布线单元密度；n 是可用于水平或垂直方向的布线层的数量；h 是全局布线单元的高度；w 和 s 分别对应于垂直或水平方向的最小导线宽度和间距。

全局布线使用图形来建模互连网络。图的顶点表示标准单元端口。图的边缘对应于布线单元内的两个端口之间以及布线单元本身之间的连接。该图通过区域分配（即区域将首先被布线的顺序）和将每个网络分配给布线区域边界上的引脚来构建。

在执行全局布线之后，将确定引脚位置，使得 ASIC 核心区域中的所有标准单元之间的连接性最小。几乎所有的全局布线器都使用全局布线单元（GRC）的上溢或下溢来报告可布线性的统计，这是布线单元的容量与为所有垂直和水平布线层走线给定布线单元所需的网络数量之比。GRC 统计是布线拥塞的一个很好的指示，它显示了布线一个区域所需的网络数量与可用的布线层数量。为了使 ASIC 设计布线完全而不违反任何设计规则，此数字需要小于 1。

全局布线算法为设计中的每个网络生成非限制布线（即非详细布线），并使用一些估计方法来计算导线长度并提取其相应的寄生参数。

根据全局布线算法，有多种方法可以估计设计中每个网络的相关导线长度。最常见的导线估计方法有如下几种：

（1）完整图。完整图具有从每个端口到每个其他端口的连接。在这种方法中，完整图连接的所有互连长度相加，然后除以 $n/2$，其中 n 是端口数。在具有 n 个节点的图中，$(n-1)$ 个连接将从每个节点发出，以连接到完整图连接中的其他 $(n-1)$ 个节点。因此，一个完整图总共有 $n(n-1)$ 个包含重复连接的互连。因此，需要形成完整图连接的总连通性是 $n(n-1)/2$。认识到只有 $(n-1)$ 个连接需要连接 n 个节点，那么为了估计合理的导线长度，需要完整图的总净长度除以 $n/2$。

图 4.3 显示了一个基于从给定的源到多个节点的水平和垂直网格数量的完整图导线长度估计示例，这些源与节点由暗点和亮点表示。

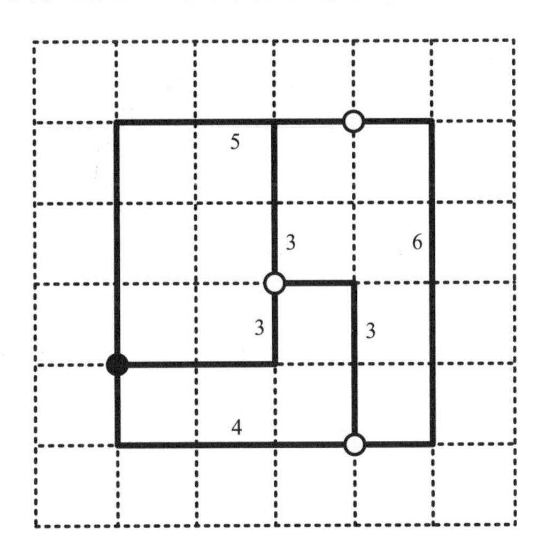

图 4.3 完整图的导线长度估计

（2）源到节点。源到节点全局布线算法将设计中每个网络的一个端口连接到所有其他端口。换句话说，连接了从源端口到其他端口的一条导线。

需要注意的是，对于彼此相距较远的端口，该算法不能产生准确的导线估计。图 4.4 说明了源到节点导线长度估计。

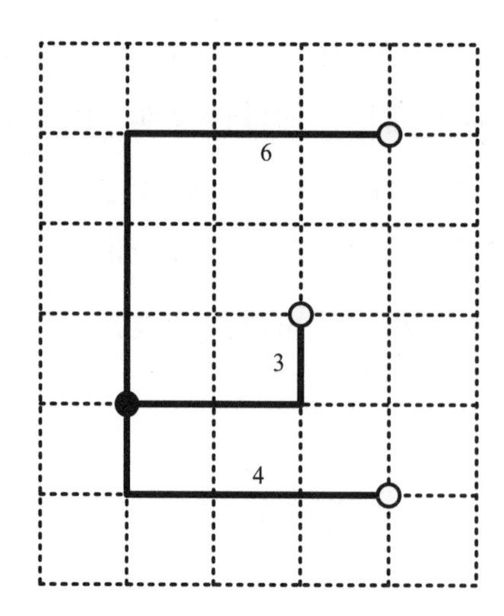

图 4.4 源到节点导线长度估计

（3）Steiner 最小树。Steiner 最小树（steiner minimal tree，SMT）全局布线算法非常适合多端口网络。对于设计中给定的一组端口，Steiner 最小树通过一些额外的点（称为 Steiner 点）连接这些端口，以实现最小的导线长度。

Steiner 最小树的确定是一个非确定性多项式时间（nondeterministic polynomial time，NP）问题，不仅难以解决，而且需要大量的计算时间。

构造 Steiner 最小树有很多方法。最常用的是矩形 Steiner 最小树，它是使用矩形网格的最短互连。树的长度是所有互连的总和，也叫树的成本。

这些类型的算法的目标是找到具有最小树成本的树。对于数量少的端口，有几种基于生成树最小成本的启发式算法。Steiner 最小树的导线长度估计如图 4.5 所示。

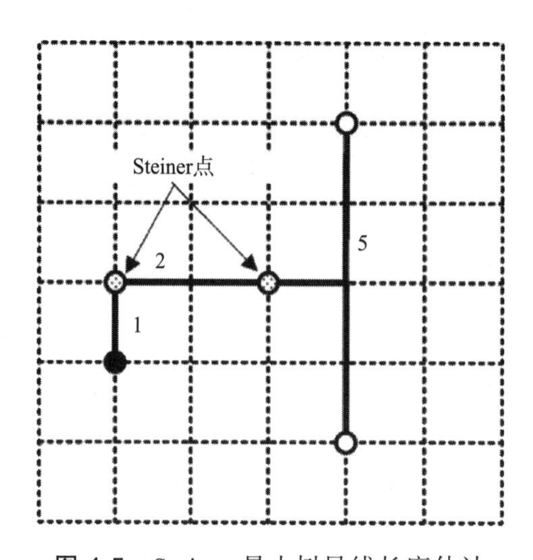

图 4.5 Steiner 最小树导线长度估计

（4）最小生成树。最小生成树（minimum spanning tree，MST）算法与SMT非常相似。在这个过程中，所有设计端口和互连都被认为是一个完整的图，生成树是包含所有端口和互连的子图。

生成树的成本是每个互连的长度之和，因此，相同互连网络的不同树具有不同的长度。

MST算法的目标是找到生成树的最小长度，即使用最短路径连接设计中的每个端口。

互连网络可以具有许多生成树。例如，四端口互连有16个生成树，如图4.6所示。

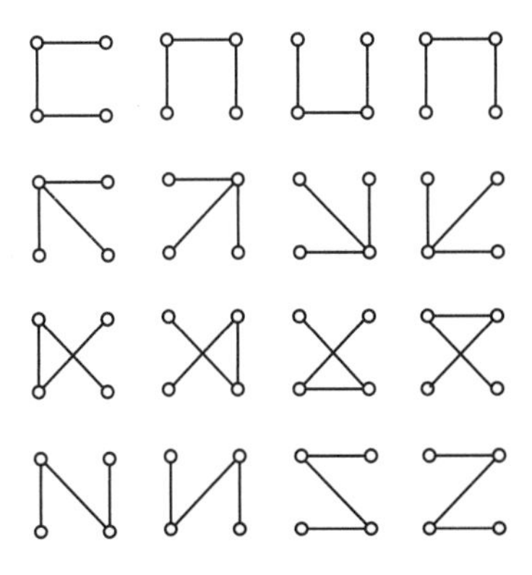

图4.6　16种可能的生成树

现在有许多类型的算法可以找到最小生成树。由于这些类型算法的复杂性，寻找最小生成树仍然是研究的主题。图4.7显示了最小生成树导线长度估计。

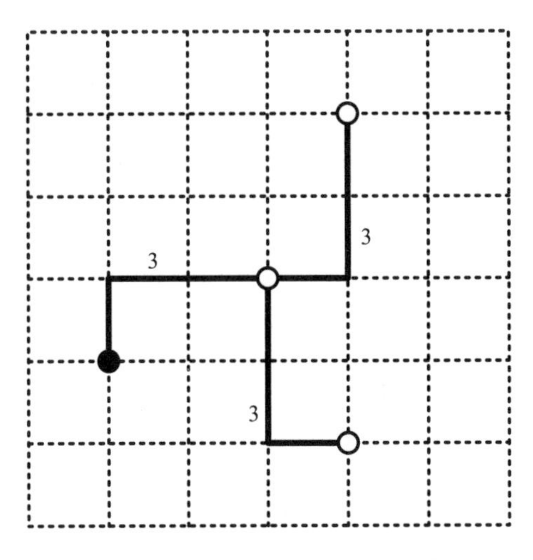

图4.7　最小生成树导线长度估计

（5）最小链。最小链连接算法从一个端口开始，并尝试将其连接到链序列中最近的点，然后连接到下一个最近的点。图 4.8 显示了最小链连接的导线长度估计。

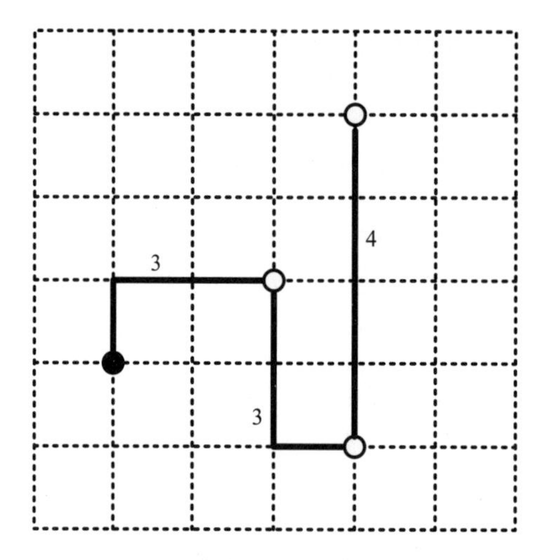

图 4.8 最小链连接线长度估计

（6）半周长。半周长全局布线器使用布线边界框，该框是包围所有端口的最小矩形。半周长导线长度估计值为布线边界框的一半。

在导线长度估计中，布线边界框的大小是半周长算法的一个重要因素。布线边界框越小，算法与实际布线的相关性越好。

需要注意的是，对于扇出为一个或两个的端口，使用半周长方法的导线长度估计与 Steiner 最小树相同。对于扇出数量较多的端口，Steiner 最小树导线长度估计值是半周长导线长度估计的两倍或更多倍。半周长导线长度估计如图 4.9 所示。

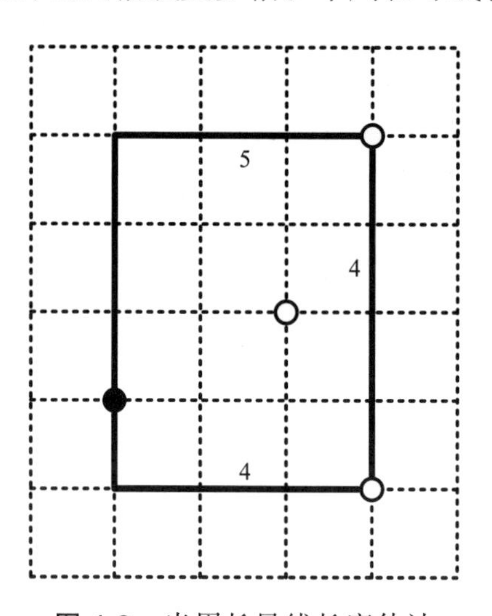

图 4.9 半周长导线长度估计

4.3 详细布线

详细布线的目标是遵循全局布线并执行 ASIC 设计的实际物理互连。因此，详细布线器将实际导线段布局在全局布线器定义的区域内，以完成端口之间所需的连接。

详细布线器使用水平和垂直布线网格进行实际布线。正在使用的所有图层中的水平和垂直布线网格在技术文件中定义。详细布线器可以是基于网格的、基于无网格的或基于子网格的。

基于网格的布线要求所有布线段都必须遵循布线网格（在设计区域内垂直和水平分布的布线轨迹）。此外，如图 4.10 所示，允许布线器在垂直和水平轨道交叉处改变方向。

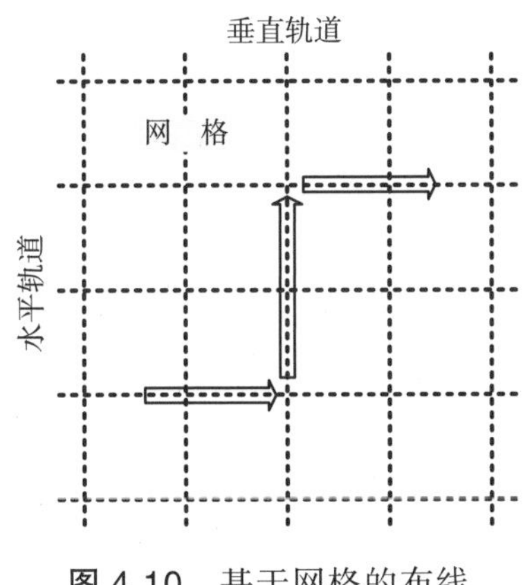

图 4.10 基于网格的布线

基于网格的布线的优点是效率。使用基于网格的布线器时，需要确保所有器件的端口都在网格上。否则，它们会产生物理设计规则错误，很难用布线器解决。

基于无网格（或基于形状）的布线器不明确遵循布线网格，而是依赖于整个布线区域，不受网格的限制。它们可以使用不同的导线宽度和间距，而无须布线网格要求。这类布线器最根本的问题是速度非常慢，而且可能非常复杂。

基于子网格的布线器将基于网格的布线器的效率与基于无网格布线器的灵活性（改变导线宽度和间距）结合在一起。基于子网格的布线器遵循与基于网格的布线器类似的普通网格。然而，基于子网格的布线器仅将这些网格视为布线指南，不需要使用它们，如图 4.11 所示。

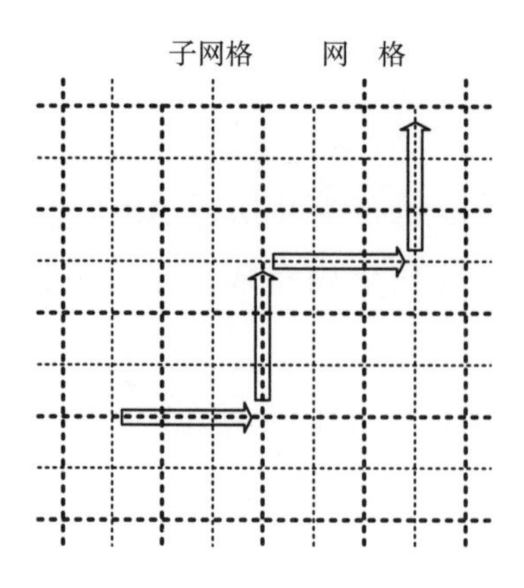

图 4.11 基于子网格的布线

目前有许多详细布线算法可用，被普遍接受的一种是 Lee[2] 引入的 Maze 算法。在该算法中，布线区域通过设计中使用的每个层的垂直和水平轨道表示为网格。每个轨道交叉点可以是连接的源或目标。

在搜索从源到目标连接的最短路径时，Maze 算法执行广度优先搜索，并用与源的距离标记每个轨迹交叉点（类似于波传播），随着传播的逐步拓展，标记值逐渐增加。如果连接可行，此扩展阶段将最终到达目标节点。

扩展阶段完成后，回溯阶段开始于从目标到源的连接，方法是遵循逐渐减小标记值的路径，直到到达原始源。该算法保证在给定连接中找到源和目标之间的最短路径。

图 4.12 说明了 Maze 布线（扩展和回溯）算法。

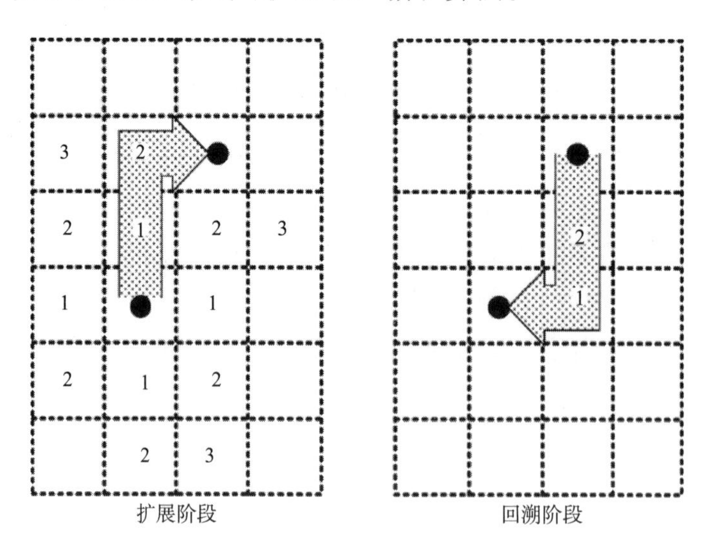

图 4.12 Maze 布线算法图解

自从 40 年前引入 Maze 算法以来，已经进行了许多改进，以提高详细布线器算法在内存使用、性能和布线区域消耗的面积优化方面的效率[3]。

在任何 ASIC 物理设计的细节或最终布线过程中，总布线区域被划分为四边通道区域或子区域，这些四边通道按顺序编号，以便由详细布线器进行后续布线。如图 4.13 所示，这些四边通道的所有四个侧面都有端子（即 2D）或内部有连接点（即 3D）。

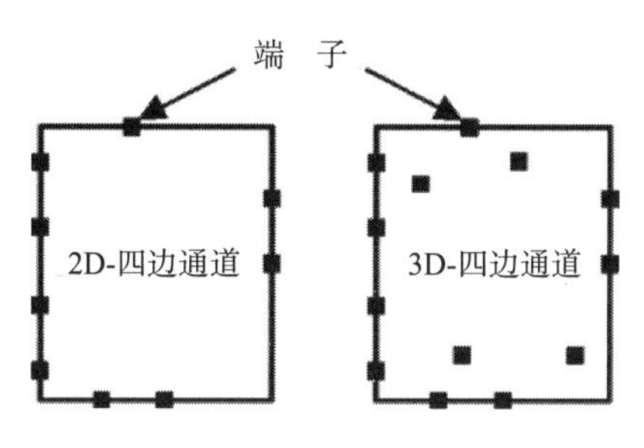

图 4.13 详细布线的四边通道

如果详细布线器使用 3D 四边通道，则这种类型的布线通常称为区域布线模式。

这种详细布线的过程与全局布线非常相似。唯一的区别是，在详细布线期间，物理导线段将用于连接而不是连接映射。因此，重要的是在详细布线器和全局布线器之间具有关于导线长度近似和实际导线连接的强相关性。全局布线器和详细布线器之间密切相关的原因是，可以通过在物理设计周期的早期估计导线电阻和电容来确定 ASIC 设计时序是否满足实际时序要求。

一旦四边通道建构完成，详细布线器就开始通道分配。在通道分配期间，将为每个布线层确定布局的所有器件之间的连接的所有布线路径。

根据标准单元设计，通道分配算法将使用 HVH 或 VHV 模型来分配通道。目前，大多数标准单元设计都针对 HVH 进行了优化（即金属一层水平布线、金属二层垂直布线等）。如果有六个以上的金属层可用于布线，则 VHV 模型（即金属一层垂直布线、金属二层水平布线等）在面积方面提供了更好的结果。这种布线面积的减少是由于 VHV 模型具有产生更短导线长度和更少过孔插入的优势。

通道分配完成后，详细布线器开始执行第一个四边通道的实际布线，并按顺序尝试完成所有四边通道的布线。在这个布线阶段，详细布线器的目标是在终端之间没有开放连接的情况下完成整个布线区域，即使连接会导致违反设计规则或短路。

详细布线的下一阶段称为搜索和修复。在此阶段，详细布线器首先解决所有类型的物理设计规则违例，如金属间距、槽口填充和导线短路。

通常，在这一阶段之后，整个 ASIC 设计被完全布线，没有任何物理设计规则违例。重要的是要认识到，一个准备好的 ASIC 库和适当的布局对详细布线器完成这一阶段的效果有很大影响。

在完成布线、搜索和修复后，建议使用过孔最小化和优化——尤其是对于深亚微米物理设计。

如前所述，最为详细的布线器算法的目标是完成所有四边通道布线和整体导线长度优化。因此，在详细布线过程中，过孔优化不是主要考虑因素。

大量过孔对 ASIC 制造产出有不利影响，因此大多数布局布线工具都提供了过孔最小化和优化选项。

过孔最小化指的是通过减少与导线连接相关的连接数量来移除尽可能多的过孔的过程。这种过孔最小化不仅降低了导线电阻（即更少的过孔），而且相对于过孔处理提供了更好的成品率（这是在深亚微米中损失成品率的主要原因之一）。

只要对布线区域没有影响，过孔优化或冗余将尽可能增加隔离的单个过孔的数量。该选项的好处有两方面：一是减少了路径内整个过孔的电阻（即两个平行过孔）；二是从统计角度来看，提高了过孔产量，此外，它提供了更好的电迁移抗扰性。

详细布线后的另一步是修复任何与天线效应相关的问题。第 2 章简要描述了与 ASIC 制造期间的金属化相关的天线效应问题。

天线效应是金属化过程中连接到隔离晶体管栅极的金属段中电荷累积效应的俗称，这种效应也称为等离子体诱导损伤。等离子体诱导损伤已成为 ASIC 可靠性的主要问题。

在几个硅处理步骤中，电荷累积可以在给定的隔离晶体管栅极上发生。器件加工中最棘手的步骤之一（就潜在损伤而言）是刻蚀金属或多晶硅层的步骤。为了防止处理过程中的电荷积累，ASIC 制造商有一个被称为天线比率的设计规则。

天线比率规则适用于连接到晶体管栅极的任何金属段，它定义了金属段的面积（即外围长度）与金属段所连接栅极的栅极氧化物的面积之间的比率的限制。

目前使用的大多数布局布线工具都能够检查整个 ASIC 布线的拓扑结构，以确定是否违反天线比率规则。这些天线比率规则编码在连接到标准单元端口的晶体管栅极区域以及连接到正在使用的宏端口的任何晶体管的工具技术文件中。更详细的天线比率将在第 5 章介绍。

用于解决天线问题的最常见技术是减少连接到晶体管栅极的外围金属长度。这是通过将一种类型的导线分割成不同金属类型的多段，并通过图 4.14 所示的过孔连接这些不同类型的金属来实现的。

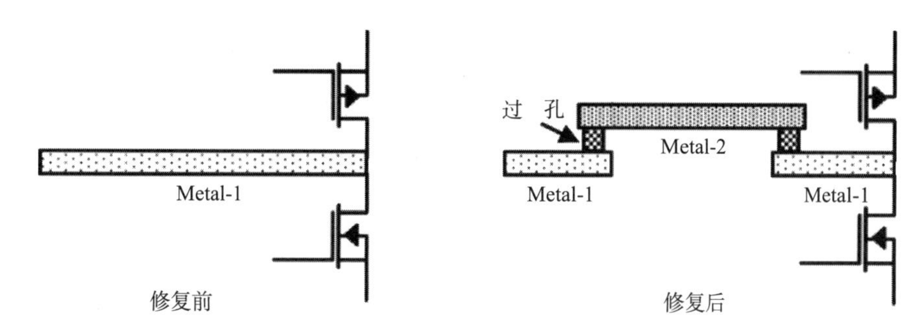

图 4.14　天线效应修复

需要认识到，在天线修复过程中额外插入过孔会增加导线电阻，这主要是因为过孔的电阻非常高。因此，强烈建议在解决所有天线违例后提取走线寄生参数，以考虑额外的电阻。

根据全局布线和详细布线的关联程度，以及所有设计规则违例纠正对最终布线寄生的影响，一些信号路径可能会显示出需要沿这些路径进行优化的负时序松弛。这种类型的时序优化是通过沿故障路径增大或减小标准单元驱动强度来执行的，前提是只要这些变化不影响其他器件的布局。这些类型的时序优化是局部的，并且可能不会改善已经违反了它们的时序约束的路径时序。

详细布线过程中的另一个重要考虑因素与布线所有时钟网格和减少串扰的影响有关（详见第 5 章）。如果时钟树综合用于时钟插入，为了确保设计中这些网络与其他网络之间没有串扰，可以通过地线屏蔽这些网络或将它们与其他网络隔开。时钟网格屏蔽的主要缺点之一是它增加了网络的侧壁电容，结果导致性能下降。

另一种方法是将时钟网格的最小宽度从默认值修改为更大的值。将时钟网格的宽度设置为大于默认值会导致布线器跳过这些网络附近的网格，以防止间距冲突。这些网络不仅会与其他网络隔开，而且由于较大的线宽和较小的侧壁电容，还将具有较低的电阻。

无论哪种方法用于时钟网格，都可以通过使用冗余过孔来进一步降低电阻并提高这些时钟网格的可靠性。

4.4 寄生参数提取

寄生参数提取是为了时序计算、静态时序分析、电路仿真和信号完整性分析而计算所有布线的网络电容和电阻。

通过分析设计中的每个网络并考虑网络自身拓扑结构的影响（如电介质堆叠）以及与其他网络的接近程度，执行寄生参数提取。目前，大多数物理设计工具都使用三维模型来提取与每个网络相关的电容。

控制寄生参数提取的工具其参数必须适当设置，以便在ASIC制造后测量提取的数据接近实际硅片数据。

提取布线寄生所需的最重要参数是电阻、电容和电感。尽管当今的物理设计工具使用电容和电阻提取，但电感提取对于未来ASIC设计的重要性不容低估。

为了提取导线电容和电阻，半导体厂商在其电气文档中提供了各种绘制层的电容系数和方块电阻值。

这些电气参数（电容系数和方块电阻）是使用测试键从最佳、标称和最坏工艺条件或工艺角的实际硅数据中进行测量的。每个工艺角处的电容系数和方块电阻值的变化受ASIC硅特征参数的变化以及电压和温度影响。

导线电阻提取基于均匀导电材料的电阻，可以表示为

$$R=\rho\left(\frac{l}{s}\right) \tag{4.3}$$

其中，ρ 是电阻率；l 是长度；s 是材料的横截面积。横截面积 s 是材料高度 h 和宽度 w 的乘积。因此，式（4.3）可改写为

$$R=\left(\frac{\rho}{h}\right)\left(\frac{l}{w}\right) \tag{4.4}$$

其中，ρ/h 是材料的方块电阻，单位为欧姆 / 平方。将材料方块电阻乘以导线段长度和宽度的比率，使用式（4.3）可以获得导线段电阻。要想提取导线段电阻的正确值，必须考虑工艺和温度的影响。

有两种工艺引起的拓扑变化与导线段电阻的厚度及宽度的变化相关。如图 4.15 所示，厚度的变化（Δh）导致方块电阻的变化，宽度的变化（Δw）导致计算电阻值的变化。

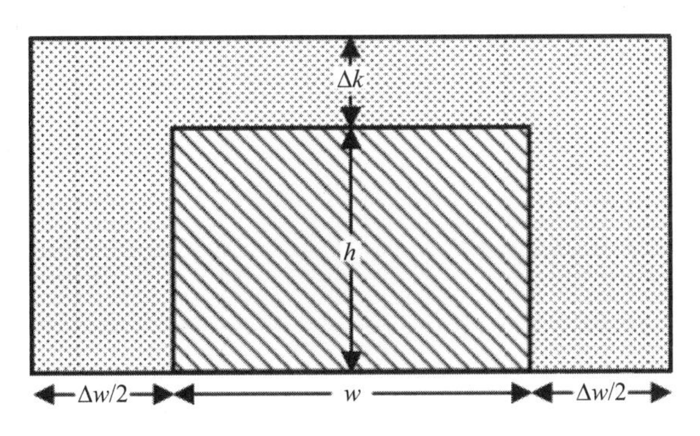

图 4.15 导线段横截面

Δw 的变化是刻蚀过程中金属层图案化的结果。刻蚀会导致线段宽度发生变化，从而导致其与相邻导线段的间距发生改变，因此应该将该刻蚀系数应用于每个金属层的提取工具。

根据定义，负刻蚀系数会增加导线段的宽度并减小导线段之间的间距，正刻蚀系数会减小导线段的长度并增大导线段之间的间距。

该值的变化主要是由于金属层和层间电介质的平坦化，以消除连续金属层之间的不规则和不连续条件。

旋涂、沉积和回蚀以及化学机械抛光（chemical mechanical polishing，CMP）等技术用于平坦化。

在当今的制造工艺中，CMP 被认为是平坦化工艺的主要技术。在 CMP 工艺期间，在抛光溶液或浆料存在的情况下，通过在压力下旋转晶圆抵靠抛光垫来平坦化氧化物表面。CMP 的性能在很大程度上取决于抛光参数，如下压力、抛光垫的转速及所用磨料的类型。CMP 过程中遇到的一个主要问题（这是由抛光垫的转速和压力等参数设置引起的）是碟形效应。这种效应影响互连方块电阻，并且在深亚微米工艺（例如 130nm 及以下）中变得特别重要。碟形效应被认为是一个局部问题，由 CMP 窗口大小决定。

图 4.16 显示了 CMP 碟形效应的结果以及方块电阻的相应变化曲线。因此，提取工具必须能够解释在电阻提取过程中由于碟形效应而导致的 Δh 均匀值的变化。

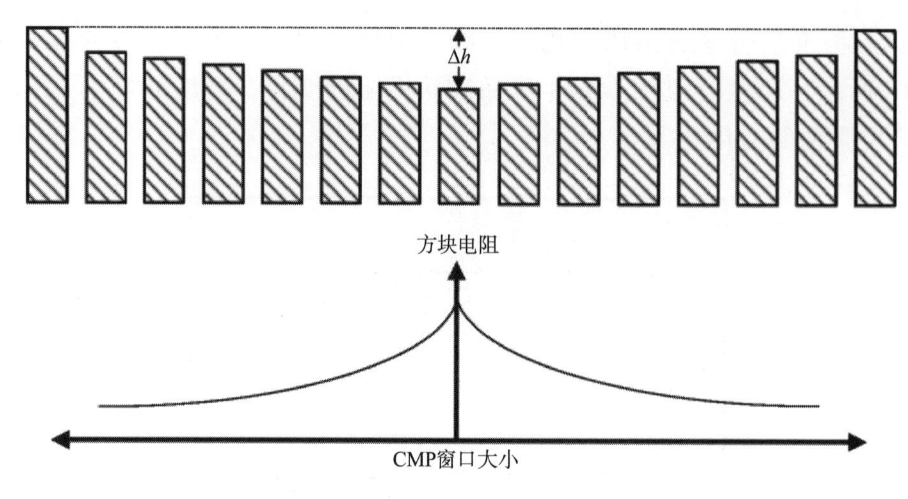

图 4.16 化学机械抛光碟形效应

导线段参数提取期间的另一个考虑因素是温度对电阻值的影响。导线段的电阻取决于该段内的碰撞过程，由于与金属原子的电子碰撞增加，预计电阻值会随着温度而增加。电阻率的这种温度依赖性以电阻的微小变化为特征，该微小变化与温度变化成比例，并表示为

$$\frac{\Delta R}{\Delta T}=\beta R_0 \tag{4.5}$$

其中，$\Delta T=(T-T_0)$ 是温度 T 从其初始温度 T_0 的变化；$\Delta R=(R-R_0)$ 对应于电阻从其初始电阻 R_0 的变化；比例常数 β 指电阻温度系数（TCR）。

因此，式（4.5）可改写为：

$$\frac{R-R_0}{R_0}=\beta\left(T-T_0\right) \tag{4.6}$$

$$R=R_0\left[1+\beta\left(T-T_0\right)\right] \tag{4.7}$$

尽管式（4.7）显示了温度对电阻的影响，但在极低的温度下，金属层的电阻率主要由材料中的杂质或缺陷控制，并且相对于温度几乎恒定。式（4.7）假设整个集成芯片衬底的温度是均匀的，并且在寄生参数提取期间，使用固定的温度来计算导线电阻。

在深亚微米工艺中，对于非常高性能的 ASIC，假设整个芯片的温度均匀用于电阻计算可能是不够的，需要考虑温度对电阻的影响的不均匀性。

图 4.17 显示了具有不同温度分布的三个区域：T_1、T_2 和 T_3。芯片衬底（例

如 T_1、T_2 和 T_3）上的温度梯度的不均匀性通常是功能块的工作频率和它们在 ASIC 器件内的实际位置的差异导致的。芯片的不同区域的这种不同的开关活动及其相应的不均匀温度梯度将在衬底中产生热区域。穿过热区域的互连将产生不同的电阻。

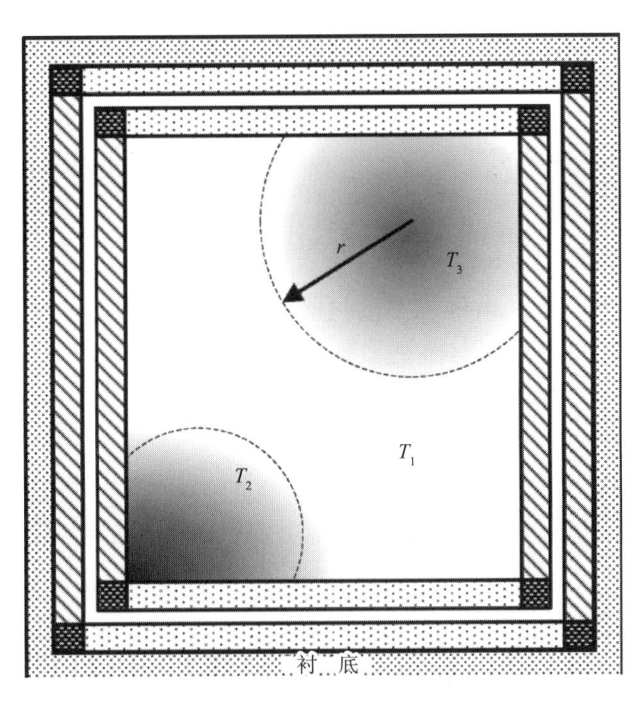

图 4.17 不同温度分布

ASIC 衬底中的各种温度分布如果不包括在电阻参数提取中，其导致的电阻差异可能引起不可预测的时序延迟，例如时钟偏斜。因此，确定基于热区域中的温度分布的导线电阻对于正确计算暴露于衬底中不均匀性的互连的电阻至关重要。

计算不均匀温度对电阻影响的一种方法是使用式（4.8）作为以热区域为中心的圆形散热半径 r 的温度函数：

$$R(r) = R_0\left[1 + \beta T(r)\right] \tag{4.8}$$

其中，R（r）和 T（r）是 r 位置处的电阻和温度。用于表示 T（r）的一种方法是使用圆柱坐标，由下式给出：

$$\frac{\partial T}{\partial t} = k\left(\frac{\partial^2 T}{\partial r^2} + \frac{1}{r}\frac{\partial T}{\partial r} + \frac{1}{r^2}\frac{\partial^2 T}{\partial \phi^2} + \frac{\partial^2 T}{\partial z^2}\right) \tag{4.9}$$

假设 z 轴径向对称且 $\partial^2 T/\partial\phi^2 = 0$，则式（4.9）可简化为

$$\frac{\partial T}{\partial t} = k\left(\frac{\partial^2 T}{\partial r^2} + \frac{1}{r}\frac{\partial T}{\partial r} + \frac{\partial^2 T}{\partial z^2}\right) \tag{4.10}$$

其中，T 是位置 r 处的温度；z 对应于衬底和布线层厚度。

应用工艺和温度等各种条件，总互连电阻由下式给出：

$$R_{\text{total}} = \sum_{i=1}^{n} R_i + \sum_{j=1}^{n-1} V_j \tag{4.11}$$

其中，R_i 表示导线段电阻；V_j 表示过孔电阻。

需要注意的是，式（4.11）中的过孔电阻项通常主导总电阻，因此，建议沿关键路径使用多个过孔，以降低总线路电阻。

接下来要考虑的是门电容和导线段电容提取。如今几乎所有的提取工具都使用 3D 电容提取方法来提取导线段电容。

门电容由晶体管的拓扑决定。每个晶体管门的电容实际上是栅极到 MOSFET 体、栅极到源极和栅极到漏极之间的电容之和。栅极到 MOSFET 体（或衬底）的电容和栅极面积 A 具有如下关系：

$$C_{\text{gs}} = \left(\frac{\varepsilon_{\text{ox}} A}{T_{\text{ox}}}\right) = \left(\frac{\varepsilon_{\text{ox}} WL}{T_{\text{ox}}}\right) \tag{4.12}$$

其中，ε_{ox} 是栅极氧化物的介电常数；T_{ox} 是栅极氧化物厚度；L 是晶体管引出的栅极长度；W 是晶体管引出的栅极宽度；$\varepsilon_{\text{ox}}/T_{\text{ox}}$ 表示氧化物电容。

实际上，源极和漏极都在栅极氧化物下方延伸了 L_{d}，这被称为横向扩散。因此，如图 4.18 所示，受影响的晶体管栅极长度比绘制长度短 $2L_{\text{d}}$。

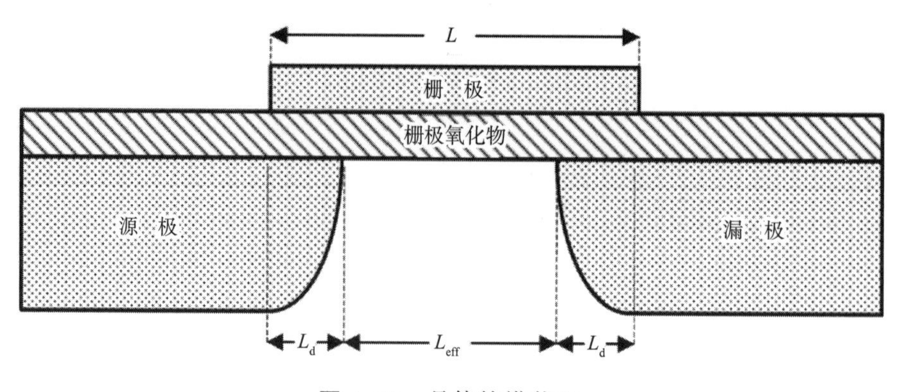

图 4.18 晶体管横截面

重写式（4.12）以包括栅极的长度影响：

$$C_{gs} = \frac{\varepsilon_{ox} W \left(L - 2L_d \right)}{T_{ox}} \tag{4.13}$$

横向扩散效应导致晶体管栅极长度减小，从而产生栅极到源极和栅极到漏极电容：

$$C_s, C_d = \frac{\varepsilon_{ox} W L_d}{T_{ox}} \tag{4.14}$$

其中，C_s 和 C_d 分别是栅极到源极和栅极到漏极电容。

在最终布线之后提取布线段电容。在布线段的电容提取过程中，考虑以下类型的电容：

（1）面积电容。面积电容是布线段对衬底和上下其他暴露布线段的电容，面积电容值由下式给出：

$$C_p = \varepsilon \frac{LW}{d} \tag{4.15}$$

其中，C_p 是面积电容；ε 是电介质的介电常数；L 和 W 是布线段的重叠长度和宽度；d 是布线段之间的距离，对应于层间电介质或 ILD 的厚度；项 $\varepsilon W/d$ 是指每单位长度的电容。

图 4.19 显示了金属和多晶硅层的面积电容。

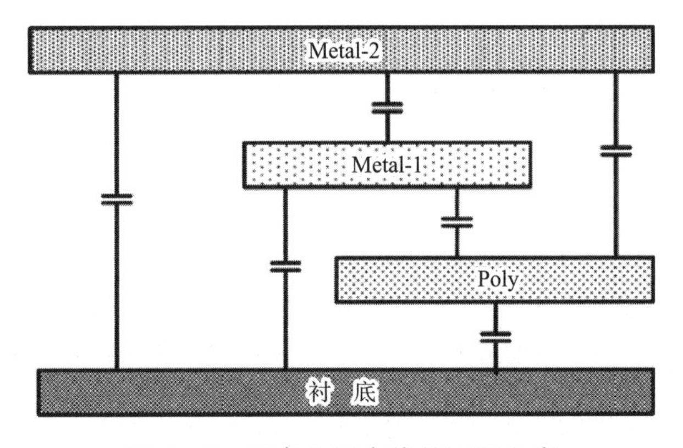

图 4.19 两条金属布线的面积电容

不同层的层间电介质厚度和相应的单位面积电容（ε/d）的值由不同工艺角的半导体厂商定义。

（2）边缘电容。边缘电容是从布线段的侧壁到衬底或其他布线段表面的电容。计算边缘电容是静电场理论中的一个众所周知的著名问题。

图 4.20 显示了两个导电板之间的静电场的简单图示。

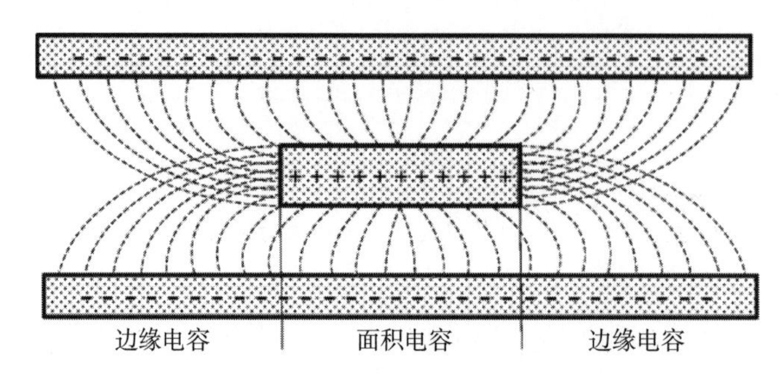

图 4.20 三个导电层之间的电场通量

类似于计算两个导电层之间的相互电场，可以使用分析或数值方法来确定边缘电容。这两种方法的计算成本都很高，而且它们的执行运行时间几乎令人望而却步。因此，可以使用简化的分析公式或经验表达式合理准确地提取（尽可能接近理论值）。

常用的边缘电容提取方法有两种：一种是具有直接物理解释的简单解析近似[3]，使用该方法提取的边缘电容的值为

$$C_{\mathrm{f}}=\frac{2\pi\varepsilon L}{\ln\left\{1+\frac{2d}{h}+\left[\frac{2d}{h}\left(\frac{2d}{h}+2\right)\right]^{1/2}\right\}},\ W\geqslant\frac{d}{2}\tag{4.16}$$

另一种是使用经验表达式，对几个数值解进行评估和定义，纯经验表达式允许所有侧壁效应[4]以及布线段的边缘电容，并由下式给出：

$$C_{\mathrm{f}}=\varepsilon L\left[0.77+1.06\left(\frac{W}{d}\right)^{0.25}+1.06\left(\frac{h}{d}\right)^{0.5}\right]\tag{4.17}$$

式（4.16）和式（4.17）中，C_{f} 是边缘电容；ε 是电介质的介电常数；L 是布线层的长度；h 是层厚度；d 是电介质厚度，并且是布线层厚度。

边缘电容对全布线 ASIC 设计的影响非常复杂。为了便于说明，图 4.21 显示了不同导电层的简化边缘电容。

（3）侧壁电容。侧壁电容是同一层上的布线段的侧壁之间的耦合，与面积电容类似。

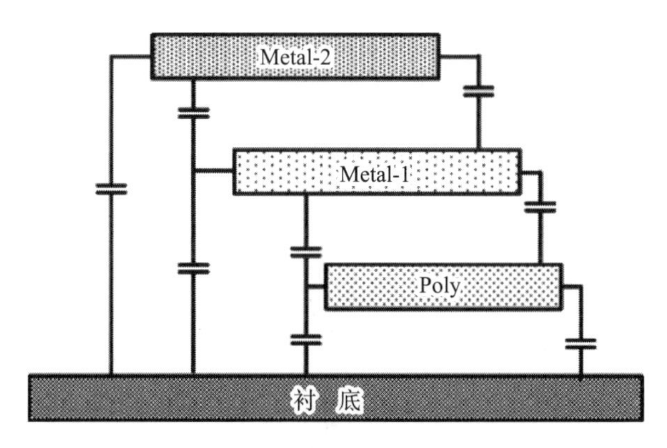

图 4.21 两条金属线路的边缘电容

图 4.22 显示了不同层之间的侧壁电容。

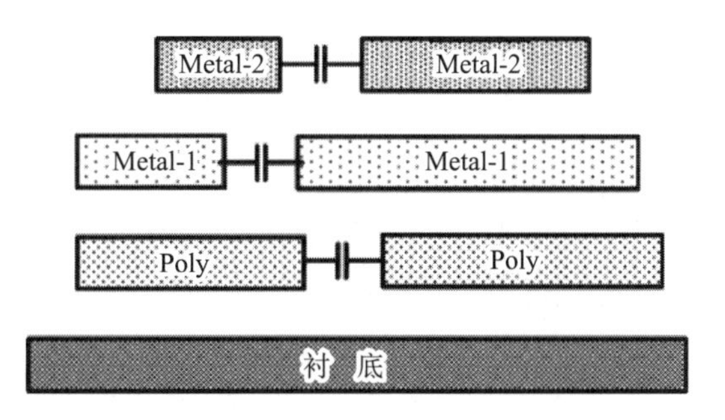

图 4.22 两条金属线路的侧壁电容

侧壁电容的值是分隔线路的距离和它们平行延伸的长度的函数，由下式给出：

$$C_s = \varepsilon \frac{Lh}{s} \tag{4.18}$$

其中，C_s 是侧壁电容；ε 是电介质的介电常数；L 是布线段的长度；h 是布线层的厚度；s 是两个相邻布线段之间的间隔。

随着绘制层的特征尺寸不断缩小，用于创建这些特征的过程导致金属层的高度占高宽比的主导地位，并导致侧壁电容值急剧增加。

随着两条相邻走线之间的间距增加，侧壁电容值接近零，因此，建议通过增加布局布线技术文件中的走线轨道之间的间距来减少侧壁电容引起的耦合电容。

与电阻类似，电容值也会受工艺变化影响。金属厚度的变化影响边缘电容和侧壁电容，而电介质厚度的变化则影响面积电容值。

图 4.23 显示了由于金属层高度降低，CMP 碟形效应对边缘电容和侧壁电容的影响。

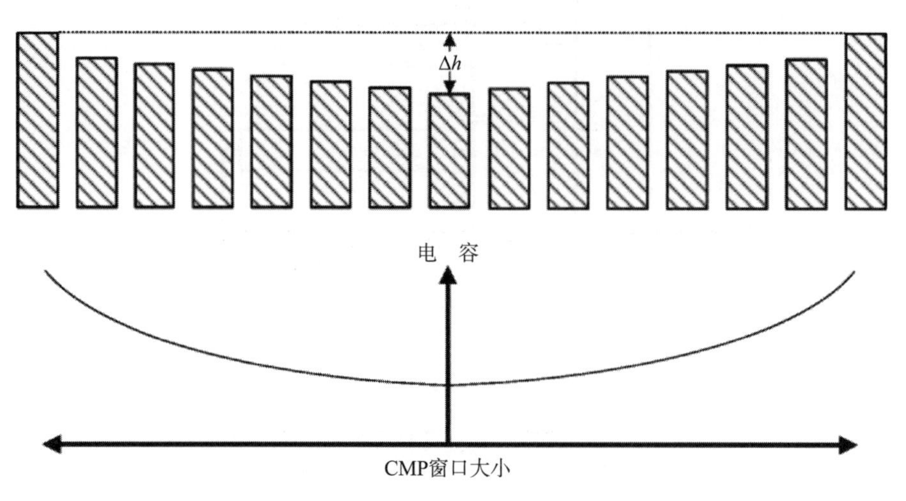

图 4.23 CMP 碟形效应对边缘电容和侧壁电容的影响

在提取过程中必须考虑 CMP 碟形效应对边缘电容和侧壁电容的影响。边缘电容和耦合电容在 CMP 窗口的中心有减小的趋势。

在最终的互连电容计算中，必须将与这种互连相关的所有晶体管栅极电容之和加到互连电容上。

包含给定互连的所有效应在内的总互连负载电容由下式给出：

$$C_{\text{total}}=\sum_{i=1}^{n}\left(C_{\text{p}}+C_{\text{f}}+C_{\text{s}}\right)_{i}+\sum_{j=1}^{k}\left(C_{\text{g}}\right)_{j} \tag{4.19}$$

其中，C_{total} 是互连的总电容；C_{p} 是面积电容；C_{f} 是边缘电容；C_{s} 是互连的每个段的侧壁电容；C_{g} 是连接到该互连的晶体管的输入栅极和结电容。

随着铜互连的出现及其对 CMP 工艺造成的硅片厚度变化（即碟形效应）的敏感性，半导体厂商需要使用虚填充。

如图 4.24 所示，虚填充物是孤立的岛（例如金属），用于产生更均匀的密度，从而形成平坦的模具表面。在模型部分，超出指定密度范围的表面将插入虚填充以满足目标密度。

为了进行时序分析，从布局布线工具导出设计中每个互连的电阻和电容提取值，然后将其导入时序分析工具。

几种近似模型用于表示互连寄生：

（1）集总 C 模型。

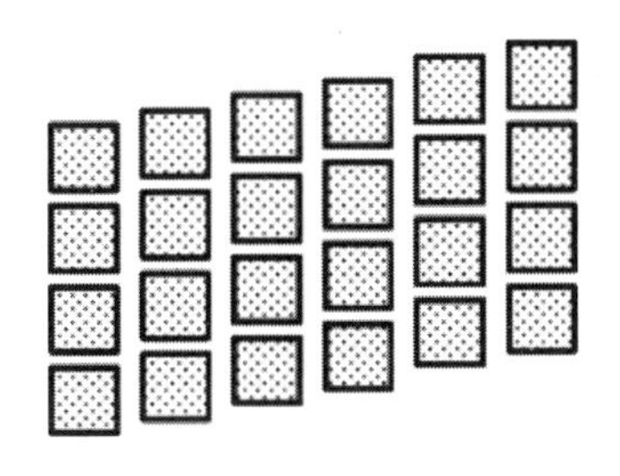

图 4.24 虚填充图案

（2）集总 *RC* 模型。

（3）分布 *RC* 模型。

（4）分布 *RCL* 模型。

集总 *C* 模型是一个单阶近似值，只考虑互连的总电容值，而忽略电阻值。这是在工艺技术的早期使用的，因为导线延迟的影响可以忽略不计，所以该模型足以计算通过门电路的传播延迟，如图 4.25 所示。

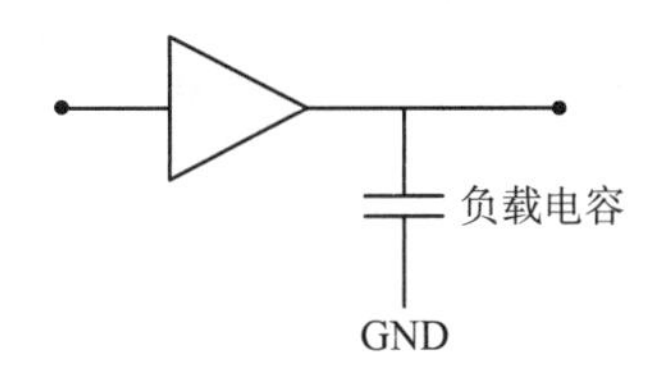

图 4.25 集总 *C* 模型

由于该模型的简单性，一些布局综合工具仍然使用它来估计初始布局和逻辑重构期间的负载电容。

只要导线电阻比输出驱动器电阻小得多，该模型就可以提供相当精确的结果。然而，由于特征尺寸缩小，驱动门输出电阻降低，导线电阻增加，这种一阶近似将不再有效。

集总 *RC* 模型被认为是二阶近似值，并考虑了负载电容的影响以及互连的总导线电阻，如图 4.26 所示。

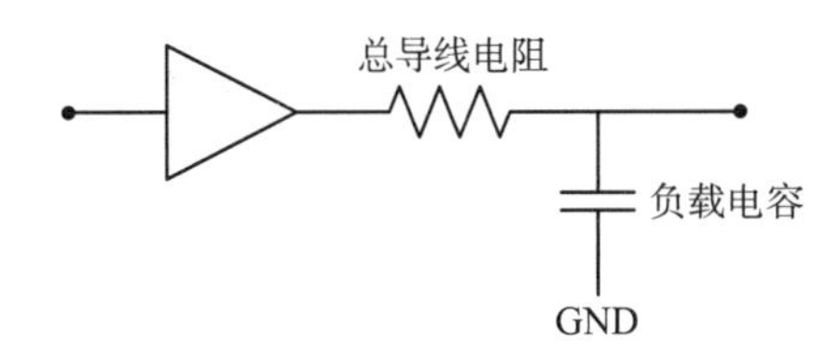

图 4.26 集总 *RC* 模型

在二阶近似中，导线电容之和用于根据库中的特征模型计算单元延迟，集总电容和电阻的乘积用于计算输出斜率。因此，以解耦的方式考虑了负载互连的电阻效应。对于长互连，使用集总 *RC* 模型计算互连延迟被认为是悲观和不准确的。对于这些互连，三阶近似更合适。

分布 *RC* 模型被分类为三阶互连延迟近似。在该模型中，互连被分割成一系列电阻器和电容器网络，以重置传输线。图 4.27 说明了一个简单的分布式电阻和电容网络。

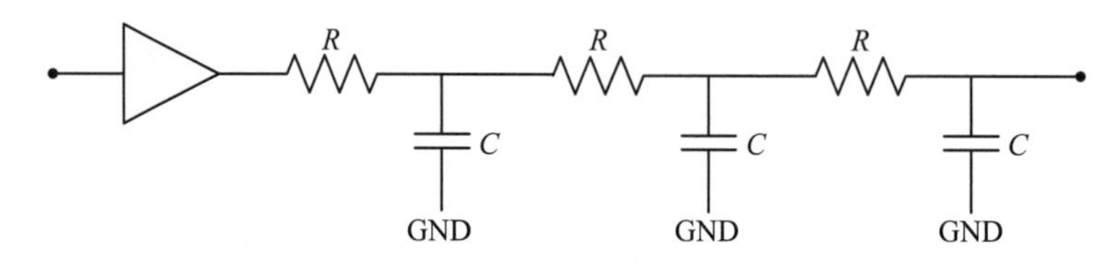

图 4.27 分布 *RC* 模型

分布 *RC* 模型对于计算高电阻互连网络的导线延迟非常有效，因为随着导线电阻的增加，在存在驱动门电阻的情况下，它有屏蔽实际导线电容的趋势。

当今的物理设计工具能够生成用于导线延迟计算的集总 *C*、集总 *RC* 和分布 *RC* 样式。根据使用的样式，参数提取运行时间可能会增加。集总 *C* 具有最短的运行时间，分布 *RC* 具有最长的运行时间。

提取样式的选择取决于应用程序。例如，如果需要进行动态功耗分析，那么集总 *C* 就足够了；对于时序和信号完整性分析，如果影响是由电阻值和电容值引起的，例如对相邻网络的耦合效应，分布 *RC* 更合适。

标准寄生扩展格式（SPEF）是用于导入和导出分布 *RC* 寄生电容和电阻值的最常用格式，这些值是基于其实际几何结构、层宽度和间距信息按网络提取的。SPEF 是电气和电子工程师协会（IEEE）的标准。

图 4.28 展示了一个由四个反相器和两个 *RC* 网络组成的简单电路[5]，以讨论基本的 SPEF 格式构造。

图 4.29 所示为标准寄生扩展格式，在该示例中，电路包含 U1、U2、U3 和 U4 四个反相器，网络 n1 连接 U1 和 U2，网络 n2 连接 U3 和 U4。网络 n1 被提取为四个电容段和三个电阻段，网络 n2 被分割为两个电容和一个电阻。应当注意，网络 n1 的第三段和网络 n2 的第二段之间的耦合电容是对称值。该耦合电容 *C* 主要用于信号完整性分析。

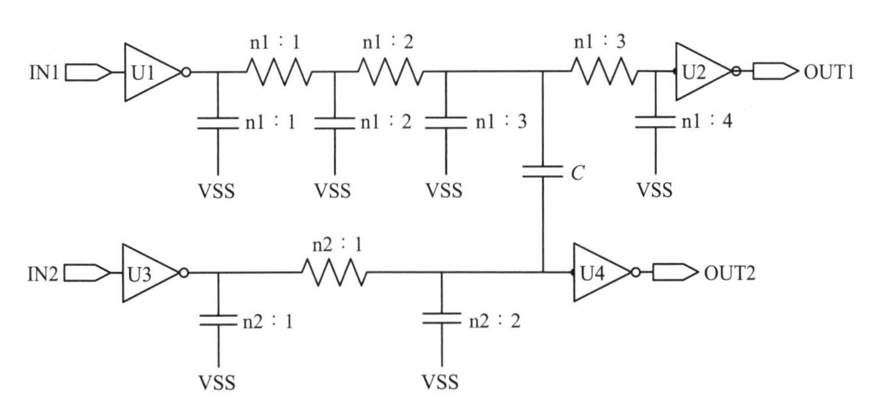

图 4.28 简单电路演示

```
*SPEF "IEEE 1481-1998"
*DESIGN "SAMPLE_SPEF"
*DATE "Thu Dec 22 12:12:24
2004"
*VENDOR    "None"
*PROGRAM   "None"
*VERSION   "1.1.0"
*DESIGN_FLOW   "PIN_CAP
NONE" "FULL_CONNECTIVITY"
"ROUTING_CONFIDENCE 90"
*DIVIDER /
*DELIMITER :
*BUS_DELIMITER [ ]
*T_UNIT  1 PS
*C_UNIT  1 FF
*R_UNIT  1 OHM
*L_UNIT  1 HENRY


*POWER_NETS VDD
*GROUND_NETS VSS

*PORTS
IN1 0 *L 0 *S 0 0
IN2 0 *L 0 *S 0 0
OUT1 0 *L 0 *S 0 0
OUT2 0 *L 0 *S 0 0

*D_NET n1 7.1
*CONN
*I U1:Z I *L 0 D INV
*I U2:A I *L 10

*CAP
1 n1:1 0.2
2 n1:2 0.3
3 n1:3 0.4
4 n1:4 0.1
5 n1:3 n2:2 0.07

*RES
1 n1:1 n1:2 2.2
2 n1:2 n1:3 8.0
3 n1:3 n1:4 3.7
*END


*D_NET n2 11.7
*CONN
*I U3:Z I *L 0 D INV
*I U4:A I *L 10.0

*CAP
1 n1:1 0.9
2 n1:2 0.8
3 n2:2 n1:3 0.07

*RES
1 n2:1 n1:2 5.0
*END

*D_NET IN1 15.1
*CONN
*I U1:A *L 10
*P IN1 O *L 0

*CAP
1 IN1:1 5.1
*END

*D_NET IN2 17.1
*CONN
*I U3:A *L 10
*P IN2 O *L 0

*CAP
1 IN2:1 7.1

*END
```

图 4.29 标准寄生扩展格式

需要认识到，尽管当今大多数ASIC提取都基于电容和电阻，但这可能不适合未来的深亚微米设计。因此，必须考虑电感以及分布电阻和电容的影响。

与分布*RC*类似，分布*RCL*考虑了两种类型的电感——一种是线段电感，另一种是在同一层内并联走线的长线段之间的互感。

分布*RCL*模型考虑了电阻、电容和电感，是四阶互连近似，如图4.30所示。

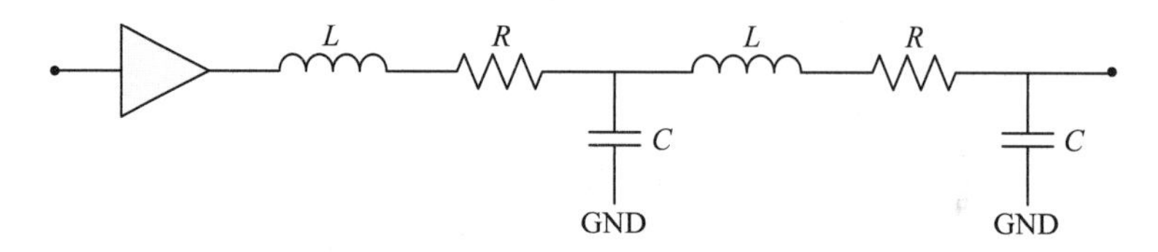

图4.30 分布*RCL*模型

随着技术的进步和单个走线及芯片参数的减小，工作频率正在超过1GHz。不能再忽略走线电感。这对于分析走线电感（ωL）在时序和信号完整性分析中的影响尤为重要。这主要是由于单位长度的电阻显著增加，走线电感也显著增加。需要注意到，电感的存在不仅会增加信号传播延迟，还会引起电压过冲，导致信号上升时间减少，这反过来也是串扰噪声增加的一个原因。

4.5 总 结

在本章中，我们讨论了与全局布线和详细布线相关的ASIC物理设计的基本原则以及寄生参数提取方法。

在全局布线部分，我们探讨了用于导线长度估计的一些基本全局布线技术。我们应该注意到，导线长度估计、相关的导线延迟以及它们与实际布线的相关性在最终设计中起着重要作用。因此，必须选择一种能够实现最佳相关性的全局布线方法。

在详细布线部分，我们讨论了Maze布线算法的原理以及从可制造性的角度细化最终布线所需的步骤。

在寄生参数提取部分，我们概述了目前基于电阻和电容提取的导线延迟计算。我们还简要讨论了在未来ASIC设计中包含导线电感的重要性。此外，在本节中，我们讨论了不均匀温度的重要性及其对导线电阻的影响。

展望未来，重要的是要注意到，随着半导体工艺的进步和特征拓扑的缩小，经典假设正在变得无效，因此，必须做出新的假设，以确保布线、寄生参数提取和时序分析之间的准确联系。

图 4.31 显示了布线和寄生参数提取阶段的步骤。

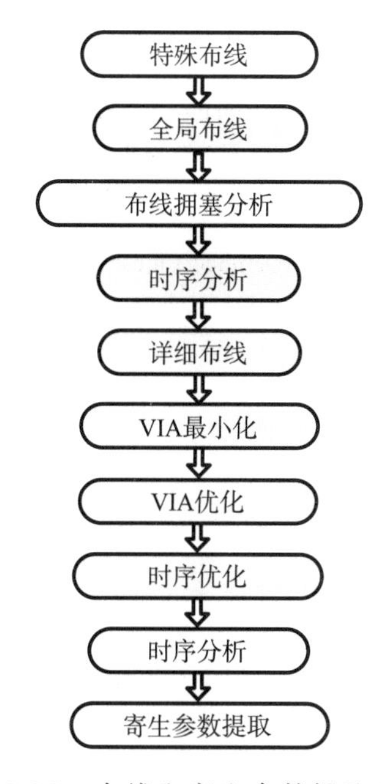

图 4.31 布线和寄生参数提取步骤

参考文献

[1] J.R.Black. Electromigration-A brief survey and some recent resul ts. Proceeding IEEE Int. Reliability Physics Symposium. 1968: 338-347.

[2] C.Y.Lee. An Algorithm for Path Connections and Its Applications. IRE Transactions on Electronic Computers. 1961, EC-10: 346-365.

[3] C.P.Yuan, T.N. Trick.A Simple Formula for Estimation of the Capacitance of Two-Dimensional Interconnects in VLSI Circuits. IEEE Electron Device Letter. 1982:, EDL-3: 391-393.

[4] N.v.d.Meijs, J.T.Fokkema. VLSI circuit reconstruction from mask topology. Integration, the VLSI journal. 1984, 2(2): 85-119.

[5] W.C.Elmore. The Transient Response of Damped Linear Networks with Particular Regard to Wideband Amplifiers. J.Applied Physics. 1948, 19: 55-63.

第5章　验　证

即使只有一种可能的统一理论，那也只不过是一组规则和方程而已

——斯蒂芬·W·霍金

验证是 ASIC 物理设计的最后阶段，然后提交产品进行制造。该阶段侧重于功能正确性和设计可制造性的测试。

ASIC 设计在增加电路密度和先进半导体工艺方面变得更加复杂，对这些器件的验证也随之变得更加困难。验证的主要目的是确保 ASIC 设计的功能与预期目标一致，并将设计风险降至最低。

验证是一个迭代过程，其时间复杂度与设计大小呈线性关系，与内存使用率呈次线性关系。当今的 ASIC 设计实现挑战之一是在所需时间方面管理迭代验证过程，并能够通过自动化验证过程来提高吞吐量。

随着设计复杂性的增加，ASIC 设计验证正在成为任何物理设计的一个越来越重要的阶段，而传统的验证工具已经被证明是不够的。ASIC 设计验证过程包括功能验证、时序验证、物理验证三个阶段。

5.1 功能验证

功能验证在早期 ASIC 设计实施阶段进行。功能验证，使用混合工具和技术执行逻辑仿真、仿真加速、断言、电路仿真和硬件 / 软件协同验证。

早期功能验证包括三个顺序任务：修改、测试和评估。标准函数和算法用于验证设计的行为是否符合规范。

一旦满足了设计要求，行为描述（即寄存器级传输）就通过逻辑合成转换为结构域或门级描述。逻辑和布局综合完成后，根据行为 RTL 布局前和布局后结构描述（网表）进行功能验证，以进行设计验证。最终设计验证通过使用基于仿真的验证、基于规则的验证或同时用两者来完成。

在基于仿真的验证过程中，将与最终门级描述相同的激励应用于行为描述，并对其响应进行比较和评估，如图 5.1 所示。

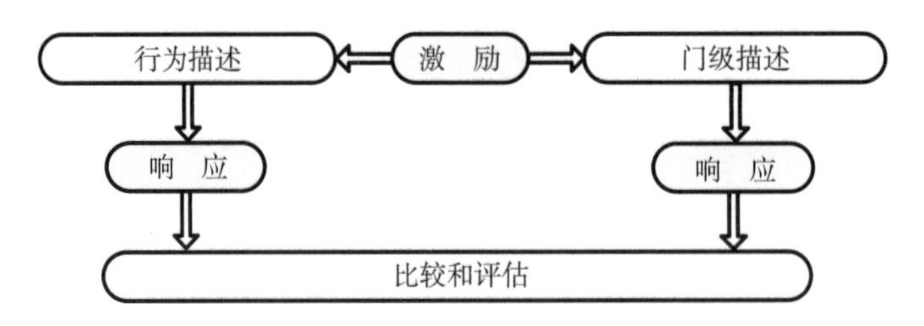

图 5.1 基于仿真的功能验证流程

尽管通过仿真进行功能验证是当前最先进的技术，但这种方法有两个主要缺点：一个是基于仿真的验证需要很长的执行时间，当 ASIC 设计非常复杂和庞大时，通常变得不切实际；另一个缺点是可能没有一套全面的激励来验证整个设计，迫使设计师依靠一些随机激励生成方法来实现整个设计覆盖。

为了解决日益增长的功能验证需求和与基于仿真的验证相关的问题，提出了各种技术。在这些技术中，基于规则的功能验证已被用于非常大型和复杂的 ASIC 设计。

最广泛接受的基于规则的功能验证技术是基于断言和基于形式的功能验证。

基于断言的功能验证使用包含断言宏的断言库，这些断言宏用于验证特定的设计特征。断言宏是表示错误的表达式，如果为 false，则在 RTL 代码中实例化，该 RTL 代码在功能验证期间提供诊断信息。

随着 ASIC 设计的规模和复杂性的增加，基于断言的验证所提供的可观察性和可控性变得越来越重要。

基于断言的验证的一个重要方面是能够为具有一致规范机制的多个验证工具复用断言库。最近，有一个开放验证库（OVL）计划，重点是为开源标准化定义断言库。因此，基于断言的验证的思想超越了功能能力，涵盖了可用性和方法论。

与基于断言的功能验证不同，基于形式的功能验证使用等效性和模型检查来验证 RTL 与结构（门级网表）描述的关系。模型检查和等价性检查是两种常用的基于形式的功能验证方法。

在模型检查中，为了形式验证设计，必须先将设计转换为可验证的格式，以获得完整的有限状态机或 FSM（指定为一组交互组件的设计，每个组件具有有限数量的状态，状态和状态之间的转换构成 FSM）。大多数时候，设计 FSM 转换是通过将分层设计描述扁平化为单个网络并通过由逻辑门、时序元件及其互连组成的网络计算特定输入的输出来完成的。

模型检查验证的下一步是将扁平化设计描述转换为功能描述，该功能描述将输出和下一状态变量表示为输入和当前状态的函数（创建 FSM）。一旦创建了 FSM，形式验证算法以递归方式遍历每个 FSM，并评估存储在所有时序器件中的值的真实值。如果所述值对于网络的所有状态均为真，则网络满足算法。

等价性检查是基于形式的功能验证的另一种方法。在这种方法中，比较两种设计，看它们是否等效。等价性检查使用 RTL 描述作为参考设计，所以无须确定在逻辑综合和物理设计期间是否修改了行为描述，可以完全消除对功能正确性的门级模拟的需要。在使用等价性检查时，保留原始设计层次结构很重要。如果在逻辑和物理综合过程中删除或优化了原始层次结构，后端功能验证可能会失败。

5.2 时序验证

时序验证的目的是确保 ASIC 设计满足所有时序要求。目前常使用以下两种时序验证方法：

（1）动态仿真。

（2）静态时序分析。

动态仿真在晶体管级或（逻辑）门级执行，支持多种设计风格，同时揭示门延迟和寄生效应对功能和性能的影响。

虽然门级仿真可以处理大型设计，但它提供的精度不如晶体管级仿真。对于由数百万个晶体管组成的设计，创建涵盖 ASIC 器件中所有功能行为的矢量集（激励）用于晶体管级仿真是不可能的。因此，在过去，门级仿真通常被用于时序验证。

然而，在过去的十年中，静态时序分析已取代动态仿真成为时序验证的首选方法。静态时序分析消除了对向量集的需求，并提供了设计中所有输入和输出路径的详尽时序分析。

无论选择哪种方法进行时序分析，动态仿真和静态时序分析都需要在设计中为逻辑门和线路提供路径延迟。

门延迟由宏和标准单元库提供。由于库中的时序模型给出了门延迟，因此路径延迟计算的关键方面之一是基于 ASIC 最终寄生信息（如设计中每个网络的有效电容和电阻）的布线延迟计算。

为了精确计算布线延迟，已经提出了许多方法。在这些方法中，基于矩的技术是最广泛采用的。

矩是 *RLC*（电阻、电感和电容）网络的脉冲响应，如图 5.2 所示，可以使用时频变换方法进行分析。

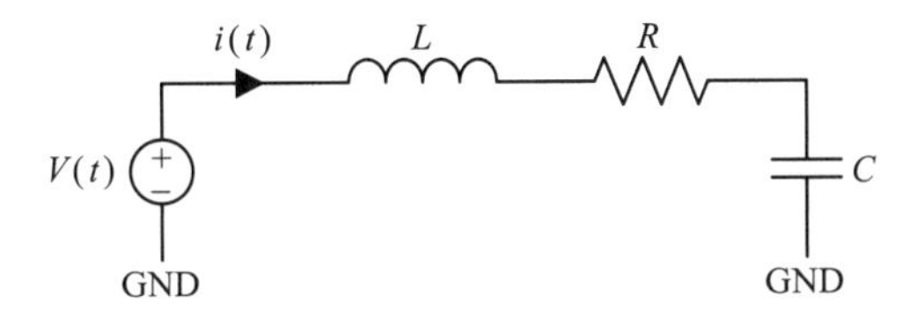

图 5.2 *RLC* 网络

用于计算被建模为 *RC*、*RLC* 或分布 *RLC* 电路的互连的任何节点处的 $f(t)$ 的脉冲响应的时频变换方法之一是使用拉普拉斯变换，其定义如下：

$$F(s)=\int_0^{\infty}f(t)e^{-st}\mathrm{d}t=\sum_{i=0}^{\infty}\frac{(-1)^i}{i}s^i\int_0^{\infty}t^if(t)\mathrm{d}t \tag{5.1}$$

图 5.2 中 *RLC* 网络的电流可以通过下式（其中 $V(t)$ 已知）求解：

$$L\frac{\mathrm{d}i(t)}{\mathrm{d}t}+Ri(t)+\frac{1}{C}\int_0^t i(\tau)\mathrm{d}\tau=V(t) \tag{5.2}$$

然而，求解式（5.2）往往很复杂，此时可以应用时频变换，如拉普拉斯变换[1]。

将拉普拉斯变换应用于式（5.2）可得

$$L\left[sI(s)-i(0)\right]+RI(s)+\frac{1}{C}\left(\frac{I(s)}{s}\right)=V(s) \tag{5.3}$$

求解 $I(s)$：

$$I(s)=\frac{V(s)+Li(0)}{sL+R+\dfrac{1}{sC}} \tag{5.4}$$

要想获得 $i(t)$，可以将拉普拉斯逆变换应用于 $I(s)$。

对于时间连续网络中常见的输入信号，拉普拉斯变换定义为：

$$F(s)=\frac{a_0+a_1s+a_2s^2+\ldots+a_ms^m}{b_0+b_1s+b_2s^2+\ldots+b_ns^n} \tag{5.5}$$

其中，$n>m$。

使用泰勒级数展开，式（5.5）可表示为

$$F(s)=\sum_{n=0}^{\infty}m_ns^n \tag{5.6}$$

为了符号上的方便，系数 m_n 通常被称为矩，定义为

$$m_i = \frac{1}{i!}\int_0^{\infty} t^i f(t)\mathrm{d}t \tag{5.7}$$

需要注意的是，使用矩进行线延迟计算时，对于 $n = 1$、2 和 3，可以认为类似于一阶（集总 C）、二阶（RC）和三阶（分布 RC）模型。这些近似值表示为：

$$F(s) = m_1 s \tag{5.8}$$

$$F(s) = m_1 s + m_2 s^2 \tag{5.9}$$

$$F(s) = m_1 s + m_2 s^2 + m_3 s^3 \tag{5.10}$$

对于集总 C 模型或一阶近似，如图 5.3 所示，使用式（5.8），电容值为 $C = m_1$。

对于集总 RC 模型或二阶近似，如图 5.4 所示，使用式（5.9），电容值为 $C = m_1$，电阻值为 $R = -m_2/m_1^2$。

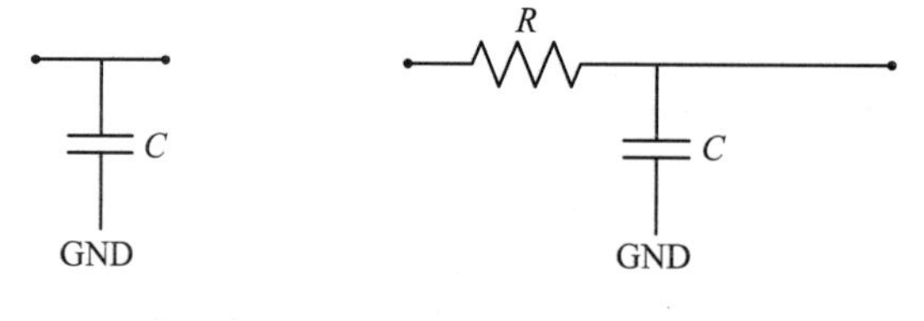

图 5.3 一阶近似　　图 5.4 二阶近似

对于分布 RC 或三阶近似，如图 5.5 所示，使用式（5.10），电容值 $C_1 = m_2^2/m_3$，电容值 $C_2 = m_1-(m_2^2/m_3)$，电阻值 $R = -m_3^2/m_2^3$。

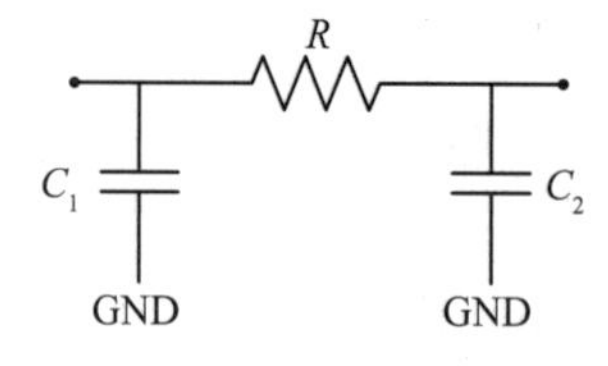

图 5.5 三阶近似

使用基于矩的互连延迟计算的另一种方法是使用 $f(t)$ 的脉冲响应的一阶矩，该一阶矩由下式给出：

$$m_1 = \int_0^{\infty} tf(t)\mathrm{d}t \tag{5.11}$$

使用一阶矩由 $f(t)$ 的脉冲响应估计导线延迟称为 Elmore 延迟模型[2]。

Elmore 延迟模型是迄今为止用于计算导线延迟的最流行的模型，因为它使用了导线电阻和电容的简单代数函数。

考虑由 N 个节点组成的互连，节点 i 的 Elmore 线延迟由下式给出：

$$D_i = \sum_{k=1}^{N} R_{ki} C_k \tag{5.12}$$

其中，R_{ki} 是输入和节点 i 之间的路径段的电阻，该段与输入和节点 k 之间的段是公共的；C_k 是节点 k 处的电容。

例如，给定图 5.6 所示的三段 RC 网络，则其相应的 Elmore 延迟表示为

$$D_{\mathrm{W}} = R_1 C_1 + \left(R_1 + R_2\right) C_2 + \left(R_1 + R_2 + R_3\right) C_3 \tag{5.13}$$

其中，D_{W} 是从输入节点到输出节点的导线延迟。

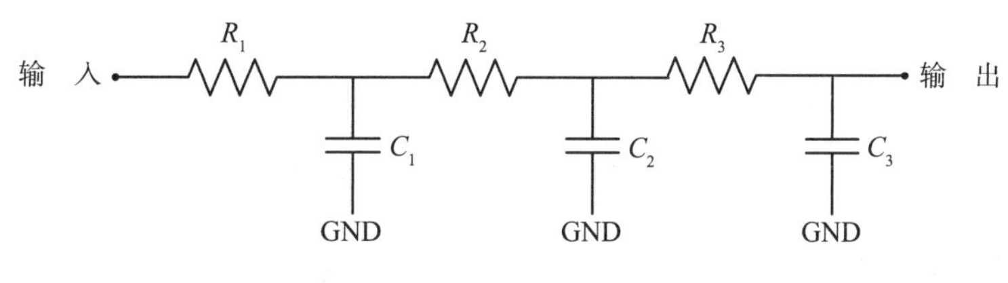

图 5.6 三段 RC 网络

需要注意的是，尽管 Elmore 延迟模型为远离驱动点的节点提供了准确的结果（真实延迟），但对于靠近驱动点的那些节点，它可能会产生数量级的偏差。

Elmore 延迟计算中的这种不准确主要由电阻屏蔽所致。电阻屏蔽是指如果导线的电阻分量与驱动器输出电阻相当或大于驱动器输出电阻，则由于金属电阻屏蔽导线的电容分量，无法准确计算通过驱动器的传播延迟。

关键是要认识到，在深亚微米技术中，由于总导线电阻随着规模的缩小而增加，并且驱动器的输出电阻（较小的器件尺寸）趋于减小，电阻屏蔽正变得越来越占主导地位。

为了捕捉到门和负载的相互作用，并能够产生准确的门延迟，当今的许多 ASIC 设计工具都在其门延迟计算中使用有效电容。

有效电容保持了 Elmore 延迟线计算的简单性和效率，并使用 k 因子提供了更精确的电容负载计算。

为了说明电阻屏蔽和有效电容的概念，图 5.7 显示了一个戴维南电压源[3]，

该电压源驱动一个简单的门电路（即缓冲器），其内部电阻连接到分布 *RC* 网络。

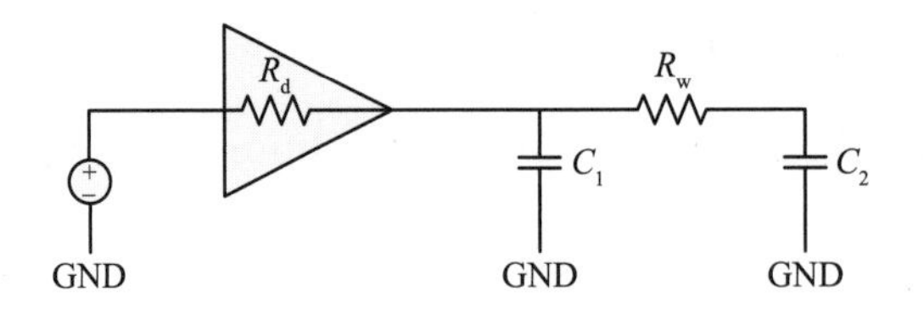

图 5.7 基本门电路和 *RC* 电路

将 Elmore 导线延迟方程应用于图 5.7 所示的电路，则总导线延迟由下式给出：

$$D_W = R_d C_1 + (R_d + R_W) C_2 \tag{5.14}$$

其中，D_w 是导线延迟；R_d 和 R_w 分别是驱动器电阻和导线电阻；C_1 和 C_2 对应于导线电容。重新整理式（5.14）可得

$$D_W = R_d (C_1 + C_2) + R_W C_2 \tag{5.15}$$

式（5.15）中的第一项对应于驱动单元输出端的导线延迟。

如果驱动器电阻 R_d 远大于导线电阻 R_w，则驱动器延迟是准确的，并且可以表征为 $(C_1 + C_2)$ 的总负载的函数。

另一方面，如果导线电阻 R_w 等于或大于驱动器电阻 R_d，则驱动器延迟减小，R_w 倾向于屏蔽一些 C_2 电容。因此，驱动器延迟可以表征为总负载 $(C_1 + kC_2)$ 的函数。

kC_2 是指捕获电阻屏蔽范围从 0 到 1 的有效电容（k 为参数）。

有效电容对于在时序分析期间正确预测门延迟是有用的。然而，由于有效电容计算依赖于驱动器电阻的值，因此需要构建独立于驱动器模型的环境。由于驱动器模型的环境和有效电容是以耦合、迭代的方式确定的，因此导线延迟计算的准确性和简单性完全取决于有效电容的计算方法（即参数 k）。

尽管可以通过校正因子（即有效电容）来改善 Elmore 延迟不准确性，但有更精确的方法——使用 *RC* 电路传递函数的高阶矩。然而，这些方法的计算成本比 Elmore 延迟要高得多，这使得它们很难在 ASIC 设计工具中使用。

在当前的物理设计和时序分析环境中，用于估计导线延迟的一种更流行和准确的方法是渐近波形评估（AWE）。

AWE 方法使用高阶矩来构造 pole-residue 传递函数 $H(s)$ [将式（5.6）扩展为其部分分数]，以近似实际传递函数 $F(s)$，并由下式给出：

$$H(s)=\sum_{i=1}^{q}\frac{k_i}{s-p_i} \tag{5.16}$$

其中，p_i 是极点；k_i 是留数。其相应的时域脉冲响应为：

$$h(t)=\sum_{i=1}^{q}k_i e^{p_i t} \tag{5.17}$$

使用 AWE 计算导线延迟是通过将式（5.6）给出的 $F(s)$ 的传递函数的前 $2q$ 矩 m_i 与传递函数 $h(t)$ 的相应矩匹配来唯一指定极点和留数来完成的。

根据导线延迟计算精度要求，可以选择更高阶的，然而，选择 $q=2$ 或 3 进行近似就足以以合理的计算复杂性捕获合理准确的响应。

一旦计算出所有门和网络延迟，就开始时序验证，以确定设计是否满足要求的性能。如前所述，可以使用事件驱动（即逻辑仿真）或静态时序分析。

事件驱动需要将根据布线寄生计算的门延迟和净延迟注释到仿真器中，以便编译。逻辑仿真器的使用类似于行为仿真器。基本操作是用户应用输入信号值或激励，通过电路传播这些值，最后通过电路的输入、输出和所选内部信号的波形显示生成电路响应。

基于抽象级别，ASIC 时序验证一般使用开关级和门级两种类型的逻辑仿真器。

在开关级仿真器中，晶体管、电容器和电阻器被建模为基于电荷流的基本开关。在仿真过程中，控制每个组件行为的方程是近似的，而不是处理计算密集的连续模拟数据。这些类型的仿真器不仅能够根据二进制值（即 0 和 1）对电路响应进行建模，而且还可以对网络值使用 strength/value，从而驱动或浮动 0、1 和未知等状态。

与开关级仿真器相比，门级仿真器依赖于更高的抽象级别，通过逻辑功能（如 AND、OR）替换低级别器件，如晶体管、电容器和电阻器。逻辑功能或门的有效使用可以轻松地描述非常复杂的设计，并且随后在门级而不是在开关级被仿真。

大多数此类仿真器在仿真期间使用事件。事件被定义为在仿真期间导致系统在不同的时间单位内改变其状态的行为。这些事件的发生提供了仿真电路的有效动态环境。尽管这类仿真器已用于时序验证多年，但只有少数仿真器被ASIC 厂商和设计者认为是 ASIC 时序验证的“黄金”。在这些黄金仿真器中，Verilog 网表或门级仿真器被认为是用于时序验证的最广泛接受的门级仿真器之一。

为了在完成用于时序分析的物理设计后使用 Verilog 门级仿真，必须将布局后结构网表与标准延迟格式（SDF）一起导出。SDF 文件将实际的时序信息（如门延迟、导线延迟和时序检查）合并为抽象格式。SDF 注释器通过编程语言接口（PLI）在仿真器中解析 SDF。

在解析 SDF 文件期间，注释器可能会报告致命或非致命的错误。致命错误会导致 SDF 注释器停止，而非致命错误会使 SDF 注释器跳过导致错误的操作。非致命错误的根本原因主要是由于注释过程中发现的不一致，例如 SDF 文件中指定的条件与使用的 Verilog 库不匹配。这些类型的错误需要在仿真之前解决。

SDF 格式使用关键字（称为构造）来存储时序信息。这些构造通常与以下内容相关：

（1）延迟，如互连、端口和设备。

（2）时序检查保持时间、建立时间、恢复时间、宽度和周期。

（3）时序约束。

（4）延迟类型，如绝对延迟和增量延迟。

（5）有条件和无条件路径延迟和时序检查。

（6）数据类型或库。

（7）基准、环境和技术。

为了进行布局后时序仿真，SDF 文件包含从物理设计工具导出的路径约束，例如互连、相关门延迟和时序检查构件。

图 5.8 显示了由串联连接的两个器件组成的电路。

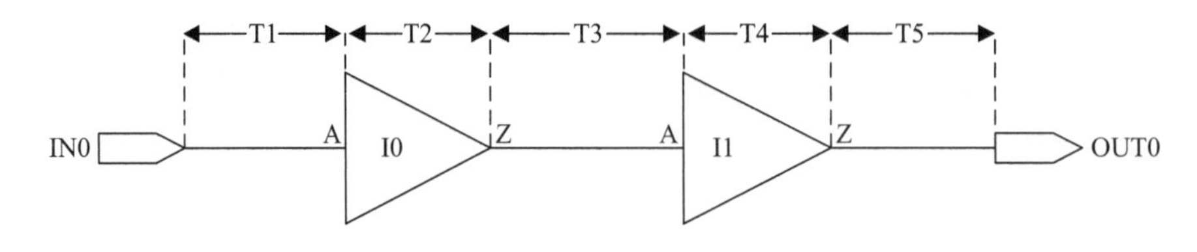

图 5.8 串联连接的两个器件组成的电路

图 5.8 对应的 SDF 如图 5.9 所示，该文件由特定设计或头条目以及指定与设备和端口之间的互连相关的延迟值的延迟条目组成。

```
(DELAYFILE
  (SDFVERSION “2.1”)
  (DESIGN “basic netlist”)
  (DATE "Thu Dec 22 12:12:24 2004")
  (VENDOR   "None")
  (PROGRAM   "None")
  (VERSION   "1.1.0")
  (DIVIDER / )
  (VOLTAGE 1.2:1.2:1.2)
  (PROCESS 1:1:1)
  (TEMPERATURE 25:25:25)
  (TIMESCALE 1ns)

(CELL
  (CELLTYPE “basic”
  (INSTANCE )
 (DELAY
    (ABSOLUTE
       (INTERCONNECT IN0 I0/A  (T1:T1:T1) (T1:T1:T1))
       (INTERCONNECT I0/Z I1/A  (T3:T3:T3) (T3:T3:T3))
       (INTERCONNECT !1/Z OUT0  (T5:T5:T5) (T5:T5:T5))
(CELL
  (CELLTYPE “buffer”)
  (INSTANCE “I0”)
  (DELAY
    (ABSOLUTE
       (IOPATH  A Z  (T2:T2:T2) (T2:T2:T2))))))
(CELL
  (CELLTYPE “buffer”)
  (INSTANCE “I1”)
  (DELAY
    (ABSOLUTE
       (IOPATH  A Z  (T4:T4:T4) (T4:T4:T4))))))))))
```

图 5.9 对应于两个连接器件电路的 SDF

头条目包含与整个设计环境及其操作条件相关的信息，如电压、工艺和时间比例尺。由 delay 关键字表示的延迟条目指定与设备和端口之间的互连相关联的延迟值以及门延迟。

互连构造表示具有 Interconnect 语法的器件之间导线的实际延迟。器件的输入端口和输出端口之间的时序关系被认为是 IOPATH 语法的门延迟。

与互连相对应的延迟被指定为 INTERCONNECT，随后是电线连接的源和目的地以及输出和输入端口之间的延迟值（从低到高和从高到低）。这些延迟值是通过一些估计方法计算的，例如 Elmore 或 AWE。

表示从输入到输出端口的路径上的时序弧的延迟由 IOPATH 指定，后跟器件上的唯一输入和输出端口及其对应的低到高和高到低路径延迟。这些路径延迟通过使用输入转换时间和输出有效电容负载来确定。有效电容是驱动器内阻和 k 系数计算的函数，因此必须确保正确计算这些值。

对于 INTERCONNECT 和 IOPATH 这两个语句，括号中的值表示最小、典型和最大条件、温度和电压。如果这些值不同，则必须指定要注释的值。

另一种选择是根据给定的最小、典型和最大条件生成所有这些值。例如，在图 5.8 所示的示例中，T1、T2、T3、T4 和 T5 的值可以基于最小、典型和最大条件，针对每种情况使用三个不同的 SDF 文件，或者使用具有三个不同延迟条目的单个 SDF 文件。

以 cell 关键字开头的单元条目标识特定于设计、库或类型的特定设计器件，以及确定信号之间的约束及信号相对于其他信号如何变化的相关时序检查。例如，与时序器件相关的时序检查可以是 SETUP、HOLD（格式类似于 INTERCONNECT）和 IOPATH。

长期以来，逻辑仿真一直是 ASIC 设计验证方法的一部分。然而，由于诸多限制，静态时序分析已成为时序验证的首选方法。

静态时序分析不依赖激励，通过计算设计中所有输入到输出路径之间的时序弧来提供时序路径的详尽分析。

静态时序分析被认为是执行案例分析的有效方法，可确保所有关键路径满足给定设计的时序要求。由于静态时序分析的效率，它被用作许多布局综合工具的核心引擎，当物理设计的不同阶段有更多信息可用时，可以分析时序需求。

原则上，静态时序分析使用到达时间（T_a）和所需时间（T_r）。

到达时间表示信号由于电路外部输入处的变化及其到芯片输出的正向传播而在节点处转换的最晚时间。

所需时间表示信号基于从电路芯片输出传播到电路外部输入的时序约束而在节点处转换的最晚时间。

电路要想正常工作，到达时间和所需时间必须满足如下关系：

$$T_r - T_a \geqslant 0 \tag{5.18}$$

静态时序分析工具使用时序图来计算 T_a 和 T_r。时序图是自动创建的，是一个有向图，其中每个端口由节点表示，连接这些端口的网络由边表示。互连的起点和终点由网表确定，每个单元的内部边由库中定义的时序弧确定。

时序图是时序约束的非常紧凑的表示，并且在每个节点，根据到达时间和所需时间的值，具有相关的正或负时序松弛。

正的时序松弛表示节点早于时序约束，并且暗示可以增加到达时间而不影响设计的总体延迟。

负的时序松弛指节点延迟，意味着必须缩短到达时间才能达到所需的性能。应该注意，完全约束给定 ASIC 设计的时序所需的时序松弛的总数与所使用的时序元件的数量成正比，并且随着设计尺寸的增加，时序松弛的数量有指数增长的趋势。基本时序图如图 5.10 所示。

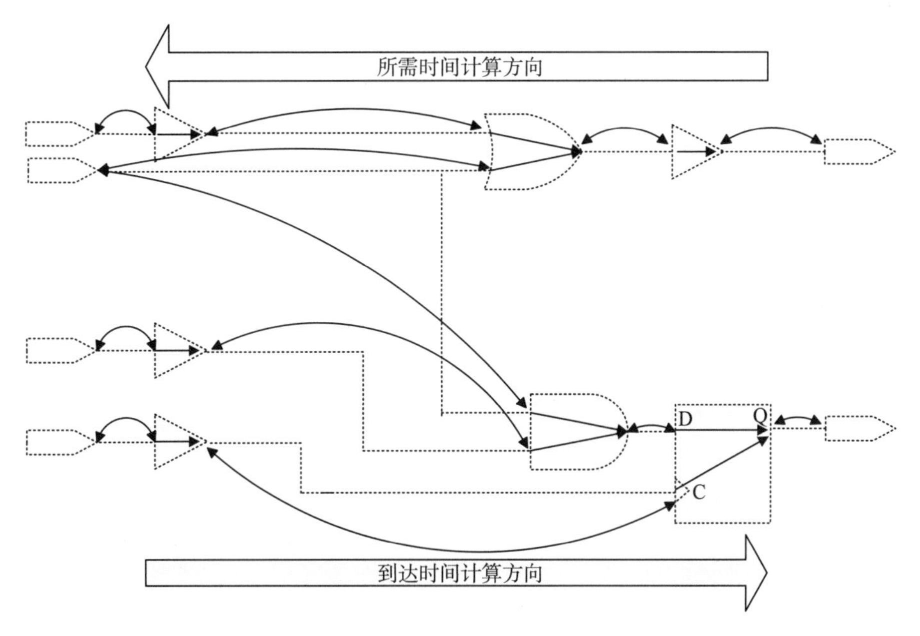

图 5.10 基本时序图

时序分析以输入相关的方式进行，目的是确定 ASIC 设计在所有可能的输入组合上的所有最坏情况延迟。这是一个详尽的计算，如果不考虑电路功能，时序分析工具可能会报告一些没有意义的路径。为了提高静态时序分析的效率和准确性，必须包括实际应用中不存在的电路状态，以区分电路中发现的长路径是真路径还是伪路径。

真或伪路径定义为一组连接的门，从一个输入开始，到另一个输出结束。为ASIC设计创建所有伪路径可能与为逻辑仿真开发一套激励一样具有挑战性。通常在物理设计期间采用迭代方法来识别所有可能的伪路径。在每次迭代时，执行时序分析以识别一组新的伪路径，直到所有实际的关键路径都被优化。

识别伪路径的迭代过程非常耗时，因为识别的伪路径的数量可能会变得非常大。因此，需要一种有效识别伪路径的技术来减少迭代过程的周期。为此，已经开发或提出了许多自动确定伪路径的方法。

用于自动伪路径生成的方法依赖于敏化过程。在这个过程中，就控制逻辑值而言，所谓的伪路径是不敏感的。

根据定义，控制逻辑值是施加到门的输入的单个输入值，该输入值迫使门的输出为独立于门的其他输入的已知值。例如，将逻辑值 0 应用于 AND 门的输入或将逻辑值 1 应用于 OR 门的输入将被视为控制逻辑值。因此，只要另一个输入具有非控制值，例如，AND 门输入处的逻辑值为 1 或 OR 门输入处逻辑值为 0，如果信号转变可以通过门从特定输入传播到输出，则认为门是敏感的。

在敏化过程中，旁路输入提供与给定路径相关的控制逻辑值，如图 5.11 所示。

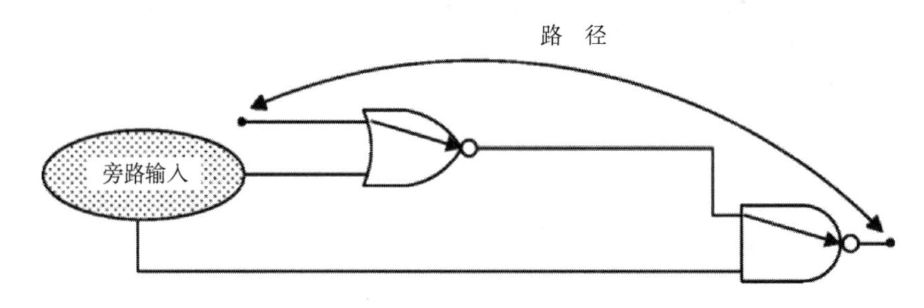

图 5.11 旁路输入和路径图示

敏化可以是静态的也可以是动态的。静态敏化，必须存在一组输入向量，这些向量沿着图 5.12 所示的路径向所有旁路输入创建非控制静态。

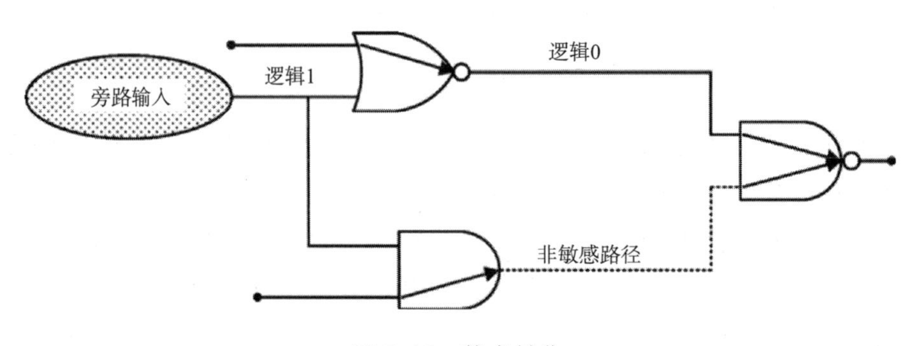

图 5.12 静态敏化

动态敏化的目的是，生成一组输入向量，使得在不同时间施加它们时，传播的转变信号到达特定门时，它们将在旁路输入处产生非控制逻辑值。

根据旁路输入 1 的逻辑 0 到 1 或旁路输入 2 的逻辑 1 到 0 的信号转换时序，路径可以被视为真或伪。由于这些类型的时序依赖性，动态路径敏感性被认为是一个非常复杂的问题，目前正在进行大量工作来简化该过程。图 5.13 显示了动态敏化的概念。

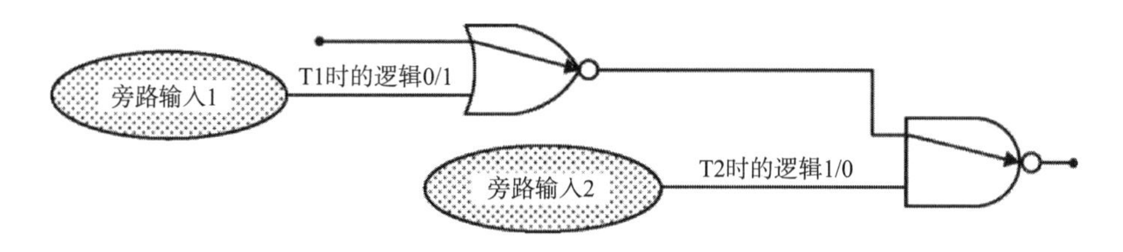

图 5.13 动态敏化

关键是要认识到，在确定敏化标准时，路径延迟并未被低估或高估。此外，必须适应不完善的时序信息，如工艺参数和操作条件。

从时序分析的角度来看，以下几个时序路径是典型的时序路径：

（1）输入到寄存器。

（2）寄存器到寄存器。

（3）寄存器到输出。

（4）输入到输出。

这些不同的时序路径如图 5.14 所示。

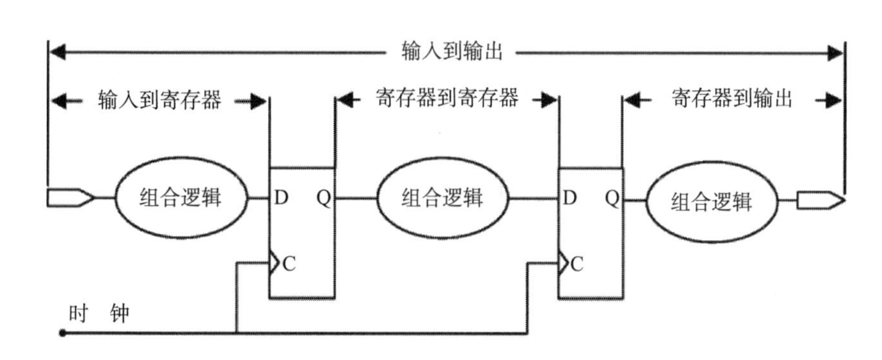

图 5.14 典型的时序路径

为了正确分析时序路径，必须有一套全面的约束和时钟调度。设计约束包括输入、输出和输入到输出延迟，具有足够的时间裕度，以补偿设计条件（如工艺和温度）的变化。

在时序分析期间，必须确保这些延迟不会违反与时钟间隔相关的任何建立时间或保持时间要求。根据定义，建立时间约束指定时钟沿到来前的时间间隔，数据必须在该间隔之前到达；保持时间约束指定时钟沿到来后的间隔，并且数据必须在该间隔内保持稳定。

ASIC 的大多数时序分析是工艺、电压和温度（PVT）的函数，并且假设整个器件受到单个 PVT 条件（例如最坏情况）影响。然而，在当今的亚微米工艺中，必须认识到需要考虑更复杂的 PVT。

如第 3 章所述，这种 PVT 性能的复杂性（或 OCV）会降低芯片性能。通常，这些类型的变化对芯片时序的影响不能通过使用单个 PVT 条件的标准时序检查来分析，例如建立时间检查的最坏情况时序场景或保持时间检查的最佳情况时序场景。

在执行 OCV 分析时，必须比较计算出的一对时序弧延迟。对于建立时间检查，最差的 PVT 条件用于时钟和数据路径（启动路径），而最佳 PVT 条件则用于参考时钟（采样路径）。类似地，对于保持时间检查，最佳 PVT 条件应用于时钟和数据路径，而最差 PVT 条件用于参考时钟。启动和采样路径的示例如图 5.15 所示。

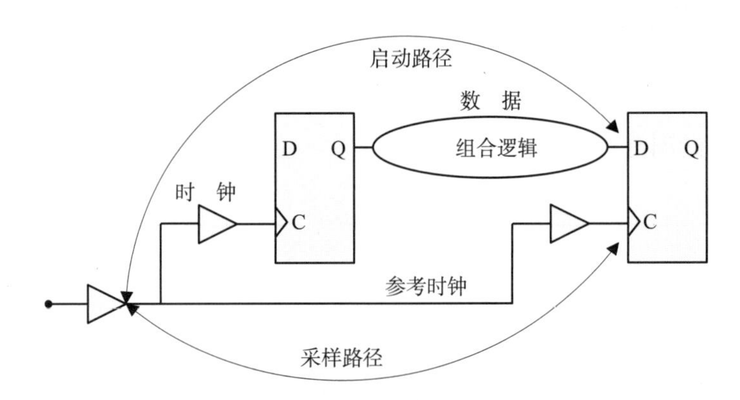

图 5.15 启动和采样路径

另一个时序分析考虑因素是电阻和电容耦合的影响。深亚微米工艺中的高耦合电阻和电容会导致噪声和额外的延迟，这会极大地影响 ASIC 设计的功能和性能。

因未检测到和未解决的电阻及电容耦合违例导致的硅故障数量急剧增加，因此将其发生率降至最低非常重要。这可以通过各种方法实现，例如在物理设计阶段的导线间距和屏蔽，以及在设计的时序收敛期间分析它们对信号完整性的影响。

互连耦合电容的最常见影响被认为是由噪声和延迟引起的。当相邻导线中的信号在逻辑值之间转换时，会产生串扰引起的噪声，而导线之间的电容耦合会导致电荷转移。

根据信号的变化率和耦合电容的量，在攻击线和受害线之间可能存在显著的噪声注入。对于电容耦合系统，攻击线是信号活动最多的电线，而受害线是安静的电线，如图 5.16 所示。

在图 5.16 所示的非常简单的示例中，无论电压电平如何（逻辑 0 或逻辑 1），来自攻击线的驱动器的快速转换在受害线的接收器的输入端引起毛刺或噪声。如果受害线上随后的噪声或毛刺的电压与接收器阈值电压的输入交叉，则可能发生功能错误。

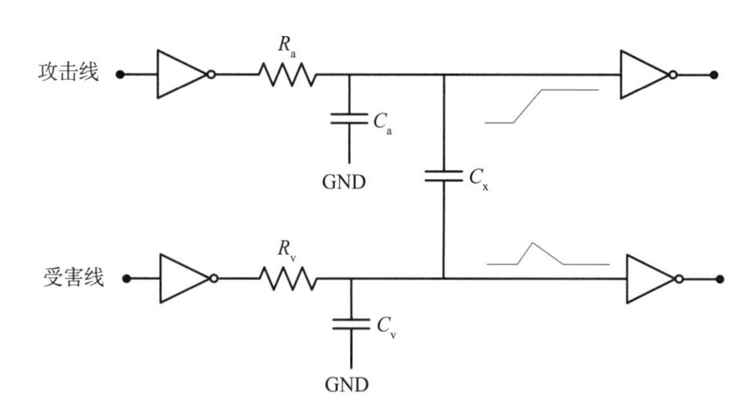

图 5.16　攻击线和受害线之间的串扰噪声

这些类型的错误可以通过组合逻辑传播，并随后改变设计中寄存器的状态，这可能导致设计功能失效。

通常，为了计算耦合电压噪声幅度，使用电压电荷共享模型。例如，图 5.16 中攻击线[4]引起的耦合噪声峰值振幅的封闭式表达式如下：

$$V_n = \frac{V_{dd}}{1 + \frac{C_v}{C_x} + \frac{R_a}{R_v}\left(1 + \frac{C_a}{C_v}\right)} \tag{5.19}$$

其中，V_n 是电压噪声幅度电压；R_a 和 C_a 分别是攻击线电阻和电容；R_v 和 C_v 分别是受害线电阻和电容；C_x 是攻击线和受害线之间的耦合电容；V_{dd} 是攻击线开关电压值。

有趣的是，当 R_a/R_v 接近零时，式（5.20）减小为

$$V_n = \frac{V_{dd}C_x}{C_x + C_v} \tag{5.20}$$

这是基本的串扰噪声电荷模型方程。

串扰电容除了会引起噪声注入外，还会对相邻导线延迟产生严重影响。当信号同时接通攻击线和受害线时，这种情况变得更加复杂。

为了便于说明，考虑由图 5.16 所示的逻辑门驱动的两条平行互连线，它们的有效电容可能会因耦合电容而改变。

如果攻击线的线路驱动从高变为低，并且受害线路处于接地状态（逻辑 0），则耦合电容可导致攻击线线路上的有效负载电容小于 $(C_a + C_x)$ 或 $(C_v + C_x)$。另一方面，如果受害线的线路驱动处于电源状态（逻辑 1），则攻击线线路的有效电容可能超过 $(C_a + C_x)$ 或 $(C_v + C_x)$。

当攻击线和受害线的转换方向相反时，也可以观察到相同的效果。在这种情况下，有效负载电容偏离攻击线的 $(C_a + C_x)$ 和受害线的 $(C_v + C_x)$。

这里描述的情况有些简单。在实践中，存在许多可能导致给定 ASIC 设计延迟不确定性的拓扑可能性和条件。因此，在物理设计时序验证期间，有效且准确的时序工具用于估计耦合系统的延迟是避免串扰的关键因素[5]。

有几种设计技术可用于最小化耦合效应。最有效的方法是如前一章所述，增加相同金属化层的相邻导线之间的间距。虽然该技术对于诸如时钟信号的选择性互连可能是有效的，但由于其布线面积的影响，它对于全局应用来说并不经济有效。

用于最小化甚至消除电容耦合系统中的延迟不可预测性的另一种方法是确保攻击线和受害线驱动器强度以及相应的电容负载相同。这是在同相信号转换下的有效方法。在异相信号转变的情况下，为了减少由于串扰引起的传播延迟，工程师需要调整攻击线和 / 或受害线的驱动强度，使得对于各种数据路径，没有从一条路径到另一条路径的传输信号通过有效电容延迟。

静态时序分析是任何 ASIC 设计流程的组成部分。然而，为了准确地研究关键路径和串扰引起的噪声和延迟，需要使用高度复杂的时序工具，该工具可以使用晶体管级动态分析来解释高阶效应。

除了静态时序分析，我们不应低估动态仿真所能提供的优势。对于全面的时序验证和确认方法，应在 ASIC 设计流程中包括静态和动态时序分析。

使用图 5.17 所示的动态时序仿真，可以在不破坏任何时序环路的情况下分析设计时序需求，在静态条件下对此进行研究是不可能的。此外，动态仿真的结果可用于 ASIC 器件的性能测试（或速度测试）。

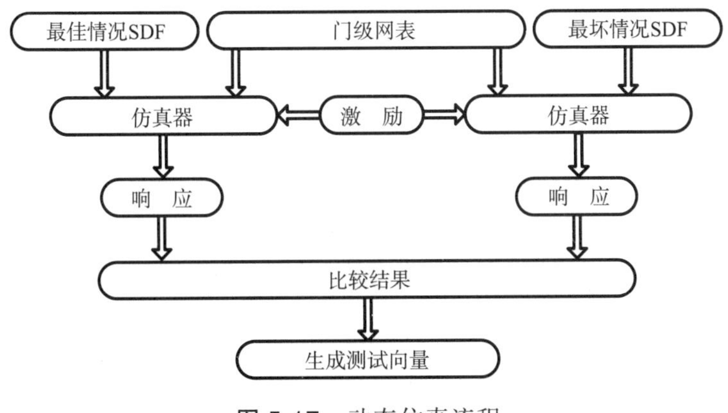

图 5.17 动态仿真流程

5.3 物理验证

物理验证的主要目的是根据半导体厂商提供的工艺规则检查 ASIC 布局，以确保其能够正确制造。

物理验证过程高度自动化，未来将继续变得更加自动化。随着 ASIC 设计及其制造过程变得更加复杂，物理验证软件也在进步。

相对于较大布局数据库的物理验证的最终结果中涉及的晶体管和布线层的数量，大幅减小的设备尺寸需要根据更复杂的规则进行验证。验证这一数量的数据会给软件和计算机基础设施带来压力。因此，为了提高物理验证效率和调试程序，一项建议是确保通过采用正确的构造方法对 ASIC 进行物理设计和实现。

在物理验证期间需要进行多次检查，这些检查主要包括布局与原理图检查（LVS）、设计规则检查（DRC）和电气规则检查（ERC）。

LVS 是检查两个电路在连接性和晶体管总数方面是否一致。一个电路对应于晶体管级示意图或网表（参考），另一个电路是从物理数据库中提取的网表的结果。如果提取的网表（布局）与晶体管级网表等效，则它们的功能应该相同。

LVS 在物理设计过程中至关重要，对于当今由数百万晶体管、大量专用数据和深亚微米效应组成的 ASIC 设计来说，LVS 正迅速成为挑战。尽管当前的 LVS 软件有效地提供基于布局的错误报告，但错误诊断仍然是一个问题。

LVS 的主要问题之一是需要反复进行设计检查，以发现并消除提取的网表和晶体管级网表之间的比较错误。LVS 所涉及的周期包括来自物理数据库的数据输出（图形设计系统（GDS））、晶体管级生成的网表、实际 LVS 运行本身、错误诊断和错误校正。因此，LVS 的目标之一是尽可能缩短完成验证周期所需的时间。

目前，有两种方法可以改善 LVS 验证周期：一是考虑机器基础设施的容量和性能以及物理验证软件的类型，物理验证软件必须快速执行，并提供准确的结果，以便在发生错误时能够轻松跟踪；二是使用层次化验证特性，而不是展平式比较。

使用层次化验证功能非常重要，不仅可以最小化要检查的数据量，还可以通过使用层次化单元和黑盒技术来识别错误。

应该指出的是，尽管层次化验证方法远远优于展平式方法，但结合了层次化和展平式比较优势的 LVS 软件远远优于严格层次化或展平式的验证软件。

通过识别网表和布局之间简单匹配的组件（例如标准单元库），可以以层次化方式比较存储器块和其他知识产权（IP）器件，同时允许其他设计器件（例如模拟块和宏单元）保持展平式表示。这样，调试性能可以大大提高。

最后，建议在设计的早期阶段开始验证过程，以确保物理数据库是正确的。假设当今的大多数物理设计工具都能够生成无错误的布局布线设计，则最常见的物理错误源出现在布局规划阶段，并且通常与电源和接地连接有关。LVS 验证期间，电源和接地短路和 / 或开路会影响器件（晶体管）识别，从而导致执行时间极长。

DRC 被认为是制备用于 ASIC 设计的光掩模的“处方”。布局或设计规则检查的主要目的是在没有设计可靠性损失的情况下获得最佳电路产量。一般来说，设计规则越保守，成品率越高；设计规则越激进，可靠性损失的概率就越大。

DRC 软件在验证过程中使用所谓的 DRC 集。当然，DRC 集应该包含所有设计规则。随着半导体制造变得更加复杂，DRC 集也变得更加复杂。这些复杂的 DRC 集必须以有效的方式编写或组成。如果布局规则检查未在 DRC 集中以优化的方式进行编码，则它们可能需要更多的时间（机器运行时间）或资源（机器内存）来完成验证。

期望减少 DRC 验证运行时间，以便从编码角度来看规则集是有效的。与 LVS 类似，还需要考虑层次化处理。

层次化处理使工具能够识别整个物理数据库中出现的多个器件，并一次检查一个器件，而不是同时检查所有器件。层次化 DRC 验证的另一个优点是，需要检查的数据量与机器进程和内存需求一起减少。

另一个考虑因素是在物理验证期间使用完整的 DRC 集。如果没有使用完整的 DRC 集进行物理验证，可能会降低产量或根本没有产量。为了使 DRC 验证被认为是完整的，必须确保 DRC 集正确、准确地检查所有规则，并能够正确识别和解决产量限制问题。最常见的产量限制问题是：

（1）天线效应引起的电荷累积。

（2）CMP 所需的多层平坦度不足。

（3）金属线机械应力。

（4）ESD 和闩锁。

关于金属化过程中的天线问题，有两种解决方法：一种是比率计算，另一种是线电荷累积。在 DRC 验证期间，使用了与线电荷累积相结合的比率计算。在比率计算中，可以计算以下比率：

（1）导线长度和与之相连的栅极宽度比。

（2）导线周长和与之相连的栅极面积比（周长与侧面积成正比，所以工具内部把周长当作侧面积使用）。

（3）导线面积和与之相连的栅极面积比。

与比率计算方法类似，对于线电荷累积，假设 N 是当前要刻蚀的金属层，可以考虑以下方法：

（1）连接到栅极对应的第 N 层。

（2）N 层加上下面的所有层，层中金属的连接形成通向栅极的路径。

（3）N 层加上 N 层以下的所有层。

此外，DRC 允许检查 DFM（可制造性设计），例如接触孔 / 过孔重叠和与线边界过近。DFM 规则被认为是可选的，由硅制造商提供。从成品率的角度来看，检查 ASIC 物理设计是否违反 DFM 规则，然后在不影响整个芯片面积的情况下尽可能纠正错误是有益的。

ERC 验证旨在对 ASIC 设计进行电气验证。与验证参考和提取的网表之间的等效性的 LVS 相比，ERC 可以检查电气错误，如输入引脚开路或输出冲突。设计可以通过 LVS 验证，但可能无法通过 ERC 检查。例如，如果参考网表中有未使用的输入，则提取的（布线过的）网表也将包含相同的拓扑。在这种情况下，通过匹配两个电路，LVS 过程的结果将是正确的，而相同的电路将在 ERC 验证期间导致错误（例如浮栅可能导致过电流泄漏）。

过去，ERC 验证常用于检查手动捕获的原理图的质量。由于手动捕获原理图不再用于数字设计，ERC 验证主要针对物理数据。ERC 验证过程被视为自定义验证，而非通用验证。用户可以为验证目的定义许多电气规则。这些规则可以简单到检查浮置导线，也可以更复杂，例如识别 P 阱或 N 阱到衬底接触、闩锁和 ESD 的数量。

5.4 总 结

在本章中，我们讨论了 ASIC 功能验证、时序验证和物理验证。

在功能验证部分，我们简要探讨了各种方法，例如基于仿真和基于规则的验证风格。此外，对于基于规则的方法，我们介绍了断言和形式方法的基本概念。

在时序验证部分，我们概述了导线延迟计算的基础，而不是其广泛的数学推导。在本节中，我们还概述了有效电容和耦合电容及其与时序验证的关系。此外，我们还讨论了生成伪路径的方法，以准确验证时序要求。此外，我们解释了噪声对时序的影响，并提供了一些防止它们对时序影响的基本方法。

在物理验证部分，我们提供了物理验证 ASIC 设计（如 LVS、DRC 和 ERC）所需的基本步骤。我们应该认识到，验证步骤是集成设计过程所有阶段的关键程序，在当今世界，ASIC 设计验证受到人力和计算机资源的严重限制。

此外，我们应该注意到，验证 ASIC 设计所需的验证周期的数量随着门级复杂性呈指数增长，ASIC 验证生产力问题的解决方案是部署更有效的验证方法和工具。这需要对系统和验证目标、工艺和技术有透彻的理解。

图 5.18 显示了最终 ASIC 验证阶段的基本步骤。

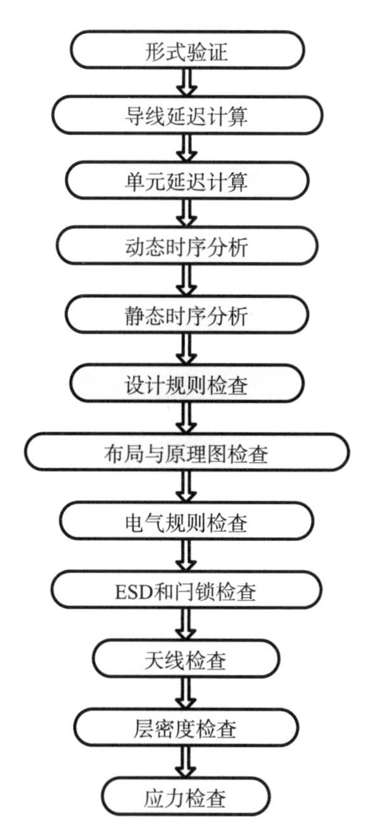

图 5.18 ASIC 验证步骤

参考文献

[1] P.O' Brien, T.Savarino. Modeling the Driving Point Characteristic of Resistive Interconnect for Accurate Delay Estimation. Proc. IEEE. International Conference on Computer-Aided Design, 1998.

[2] Roubik Gregorian, Gabor C.Temes.Analog MOS Integrated Circutts for Signal Processing. John Wiley & Sons, 1986.

[3] W.C.Elmore. The Transient Response of Damped Linear Networks with Particular Regard to Wideband Amplifiers. Journal Applied. Phys. 1948, 19: 55-63.

[4] A.Vittal, M.Marek-sadowsks. Crosstalk Reduction for VLSI.IEEE Transaction on CAD. 1997, 16(3): 290-298.

[5] Kevin T.Tang, Eby G.Friedman. Delay and noise estimation of CMOS logic gates driving coupled resistive-capacitive interc on ne ctions. Integration, The VLSI Journal. 2000, 20: 131-165.

第6章 测 试

谬误有多种多样，而正确却只有一种

——亚里士多德

ASIC 器件尺寸的快速增长、设计的复杂性和更紧密的设计结构对测试方法提出挑战。芯片级测试消耗大量时间，需要复杂的程序，这是当今许多产品和复杂的自动测试设备（ATE）所需的高可靠性和性能标准所必需的，但会增加成本和开发时间。为了解决这个问题，许多创新技术被提出来了，其中最深刻的技术之一是可测性设计。

ASIC 的可测性设计概念主要与其内部节点的可控性和可观测性有关。通常，ASIC 的电路需要这样设计，即电路的内部节点可以从外部输入端进行控制，并通过芯片输出端进行观察。与板级测试（通常很容易探测电路节点）不同的是，在芯片级测试中，ASIC 必须能够从其封装引脚或 I/O PAD 进行完全测试。

不幸的是，由于每个设计都会受到不同情况的影响，因此没有一个具体的公式可以用来为所有可测试性设计中的问题提供答案。然而通过讨论所涉及的各种条件，ASIC 和物理设计人员必须决定适用于特定设计的最佳或理想测试理念。最佳或理想测试有一个精确的定义，即可以轻松且有效地应用（测试程序具有明确区分故障芯片和在指定操作条件范围内正常运行的芯片的能力）。

任何制造过程的基本要求是能够验证成品可以成功运行其预期功能，因此任何 ASIC 器件都应经过足够严格的测试，以证明产品的设计要求将满足设计的各个阶段。这些测试阶段包括：

（1）电路和物理设计。

（2）芯片工艺（晶圆级测试）。

（3）芯片封装（封装级测试）。

（4）安装在电路板上的芯片（板级测试）。

（5）系统中绝缘的电路板（系统级测试）。

（6）产品交付（现场级测试）。

需要注意的是，随着产品从早期设计到最终产品交付，检测和修复缺陷的成本呈指数增长。例如，如果在设计阶段修复一个问题需要 N 个单位，那么在现场级测试期间修复同一个问题可能需要 $1000N$（这是一个任意规模，取决于各种组织业务模型）。图 6.1 说明了不同 ASIC 测试阶段的测试成本。

在现场级测试期间修复设计缺陷的成本增加的原因是，在设计阶段修复缺陷的唯一要求是有一个全面的测试程序，而在现场级测试中修复缺陷则依赖于更复杂、成本更高的业务和工程结构。因此，必须在ASIC设计的早期阶段解决任何问题，以确保现场系统功能的可靠性。

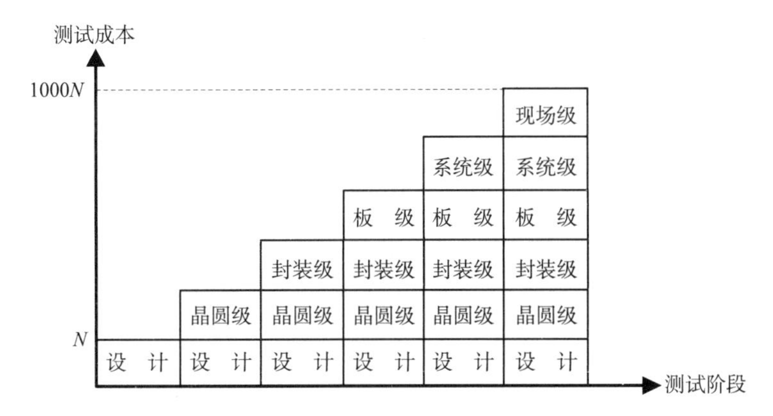

图 6.1 不同测试阶段的测试成本

当今大多数ASIC需要两种类型的测试——功能性和可制造性。以下是与测试相关的最常见领域：

（1）功能测试。

（2）扫描测试。

（3）边界扫描测试。

（4）故障测试。

（5）参数测试。

（6）电流和极低电压测试。

（7）晶圆验收测试。

（8）存储器内建自测试。

（9）并联模块测试。

6.1 功能测试

功能测试主要作用是确定电路逻辑是否正常工作。此外，有必要确定在整个电气和环境条件范围内均满足设计的交流和直流性能标准。

功能测试的先决条件之一是创建一组复杂激励或测试向量，以锻炼逻辑。这些测试向量可以应用于行为级或RTL级或门级测试。行为级仿真逻辑电路的优点是执行时间更短，因为不需要与设计相关的特定时序。然而，由于缺乏具体的时序信息，行为测试的结果无法导入任何测试设备以供将来测试。

使用物理设计工具或布局布线工具产生的最终网表及其寄生参数信息，可以创建一组可导入 ATE 的测试向量。

在测试模式生成期间，应用于 ASIC 设计以测试器件性能和功能的输入激励的关系和序列不同于用于验证逻辑设计电路仿真的关系和序列。这些差异主要源于 ATE 的系统要求，因此，测试向量需要与目标 ATE 能力及其裕度约束一致地进行仿真。

裕度约束是指大于实际 ATE 输入布局精度的值，旨在防止由于输入裕度而导致的工艺相关的产量损失。在单个工艺批次的输入裕度测试期间使用裕度约束，该批次不能代表完整的最小延迟和最大延迟工艺窗口。为了克服在最小延迟和最大延迟条件下的这种限制，可以使用仿真或静态时序分析。

ATE 的一些基本功能与下述因素有关：

（1）工作频率。

（2）开 / 关时钟宽度。

（3）信号引脚数量。

（4）负载，如 CMOS、TTL 等。

（5）输入偏斜和布局精度。

（6）输出选通时序和稳定性。

生成一组完全覆盖设计中功能模块的测试程序并非易事，尤其是在电路设计时没有考虑到测试设计的情况下。如前所述，ASIC 设计的一个目的是其设计功能允许其内部节点可从主要输入和输出进行控制和观察。这将大大提高确定故障性质的能力，在原型调试阶段尤其有用。

在复杂 ASIC 设计的情况下，适当的电路初始化、异步设计和选择器的使用，可以增加器件的可控性和可观测性，并提高可测试性。

正确的电路初始化确保每个电路节点在测试条件下的可预测和可重复操作，而不管其通电条件如何。

初始化条件对组合逻辑来说可能不那么重要，但在处理时序逻辑时，它很重要——尤其是当时序电路需要复杂的测试模式或测试程序时。在这种情况下，可能需要考虑包括来自外部输入接口的主复位，以实现设计中所有寄存器的所有初始化。

在逻辑仿真期间，使用复位线也是有利的，特别是那些包括未知状态的复位线。虽然在逻辑仿真期间，可以通过强制内部电路节点为已知值（如逻辑“1”或“0”）来实现电路初始化，但在实际设备测试期间，它可能无法与电路初始化相对应。出现此问题的原因是 ASIC 设备的内部节点无法从外部初始化。

异步设计是另一个可能需要额外考虑可测试性设计的示例。虽然同步设计技术总是首选的，但某些场合可能需要异步设计。

异步设计本质上不仅难以控制，而且可能导致其他时序问题，例如解码逻辑中的竞争或冒险。在处理异步电路时，在逻辑和物理设计过程中必须格外小心，以避免任何时序问题。

在测试阶段，选择器的使用可以增加可控性和可观测性。无法访问的电路具有较低的可观测性，很难测试。一种常用的测试方法是使用多路选择器将不可观测节点直接连接到芯片输出，如图 6.2 所示。

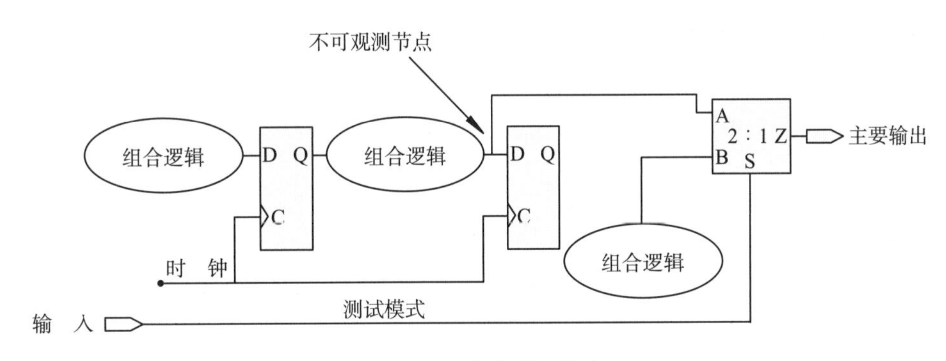

图 6.2 不可观测节点

在此示例中，第二触发器的不可观测的 D 输入连接到多路选择器的 A 输入，允许 D 输入成为可观测节点。

还可以将多路选择器添加到电路中以提高可控性。可控性设计通常会减少所需测试模式的数量，当设计中存在长除法器或计数器时，或出于初始化目的时，应予以考虑，如图 6.3 所示。在这种情况下，在触发器的 D 输入端插入多路选择器允许从外部输入端初始化电路。

此外，当设计中包含无法从外部控制的片上时钟振荡器或锁相环（PLL）时，选择器可用作旁路元件，如图 6.4 所示。如果在测试期间无法将 ATE 与被测设备（DUT）同步，这一点很重要。

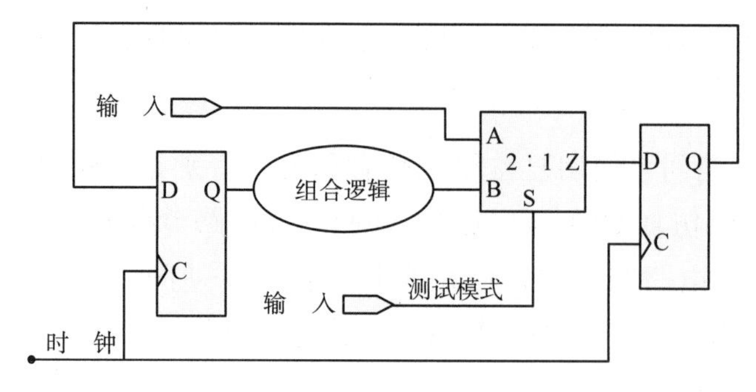

图 6.3 多路选择器初始化使用

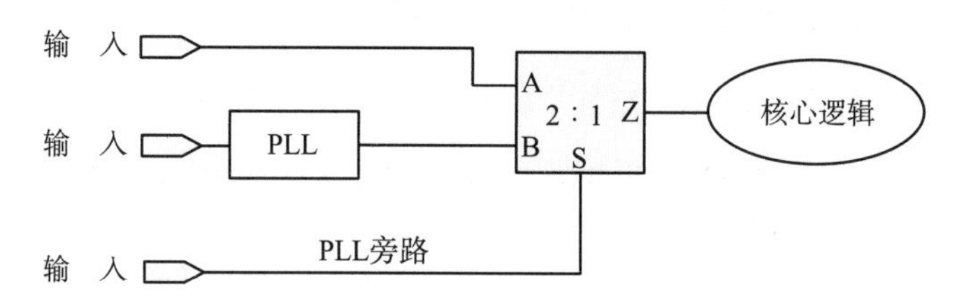

图 6.4 选择器用作 PLL 旁路模式

6.2 扫描测试

扫描测试被分类为制造测试，用于检测制造过程中可能发生的卡滞故障（卡滞在 0 和卡滞在 1）。

扫描测试的主要目的是在时序电路中实现完全或接近完全的可控性和可观测性。在这种方法中，ASIC 设计使用扫描触发器、锁存器，抑或两者以并行或串行模式操作。

在边沿敏感 ASIC 设计中扫描触发器用于提供扫描可测试特性。在设计寄存器、计数器、状态机等时，可以使用这些扫描触发器代替普通触发器。

扫描触发器由一个基本触发器和一个 2-1 多路选择器组成，如图 6.5 所示，SI 作为扫描输入，SE 作为扫描使能，DI 作为正常数据端口，CK 作为输入时钟。

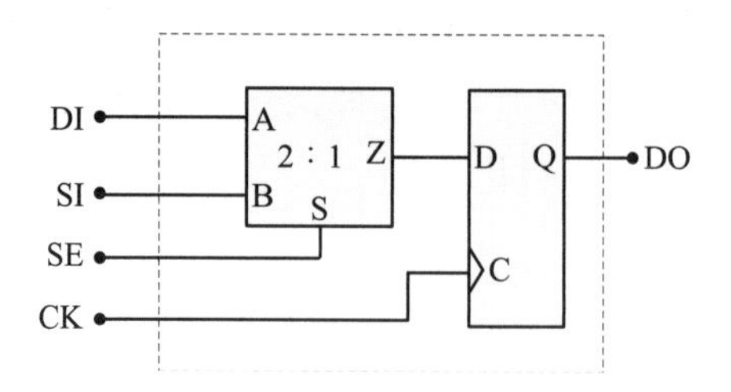

图 6.5 基本扫描触发器配置

在并行模式下，扫描触发器被配置为并行操作（或捕获模式）。在串行（或扫描）模式中，扫描触发器通过在所需数据（或移位模式）中串行时钟来加载（控制）。

在电平敏感 ASIC 设计中扫描锁存器用于提供扫描可测试特性。在设计寄存器、计数器、状态机等时，可以使用这些扫描锁存器代替常规锁存器。电平敏感扫描设计（LSSD）解决了与实现扫描触发器设计相关的问题[1]。

LSSD 通过使扫描单元电位敏感来改进扫描设计的概念。在电平敏感系统中，稳态响应与系统内的电路和走线延迟无关。使用该技术的一个挑战是 LSSD 对电路激励施加约束，特别是在处理时钟电路时。

扫描锁存器由基本双端口锁存器（L_1）和基本单端口锁存器（L_2）组成，如图 6.6 所示。

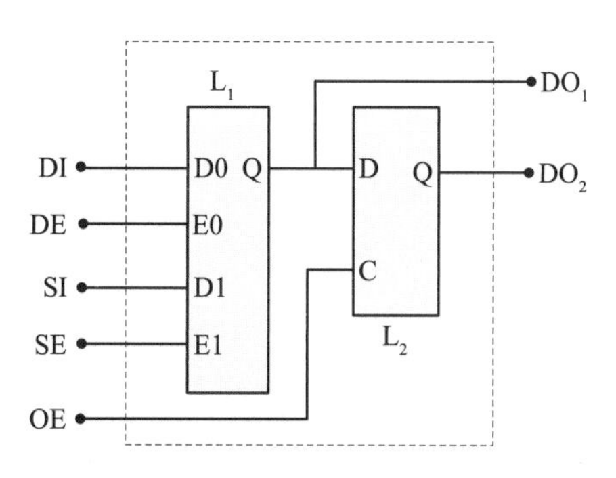

图 6.6 基本扫描锁存器配置

DE、SE 和 OE 控制锁存器。在正常工作（或捕获）模式下，数据使能 DE 将数据从数据输入 DI 锁存到 L_1 中，扫描使能 SE 处于复位状态。在扫描（或测试）模式中，扫描使能 SE 锁存在扫描数据 SI 中，数据使能 DE 处于复位状态。输出使能 OE 将此数据从 L_1 传输到 L_2。在这种操作模式中，输出数据可以取自 L_1 的 DO_1 或 L_2 的 DO_2。

在当今复杂的 ASIC 设计中，扫描测试正成为设计过程中不可或缺的一部分，以便在制造后实现更高水平的故障检测。

在物理设计流程中，必须在扫描逻辑存在的情况下满足所有功能设计约束。在布局和时钟树综合阶段，设计的物理信息（或标准单元的物理位置）用于最小化由于扫描链连接而导致的布线拥塞，以及最小化功能和扫描时钟偏斜。

为了在布局阶段最小化布线拥塞，需要执行扫描链重新排序。拥有能够优化重新排序的链的时序和功率的物理设计工具非常重要。

下一步是考虑时钟分布和平衡，以最小化功能模式和扫描模式下的时钟偏斜。如果 ASIC 设计由多级时钟门控元件、时钟分频、模式切换电路和扫描时钟组成，则可能会带来一些挑战。

当今的大多数 CTS 工具都可以生成高质量的时钟树。然而，当时钟逻辑由于密集的时钟门控逻辑和 / 或多模式切换逻辑而变得更复杂时，这些工具可能无法保证在偏斜预算和缓冲器树平衡方面构建高质量的时钟分布。因此，物理设计工具及其时钟树综合算法必须执行多模式的时钟综合，并且能够同时满足功能和扫描时序要求。

6.3 边界扫描测试

边界扫描技术扩展了用于测试 ASIC 设计的芯片输入和输出的扫描设计方法。该技术适合于解决由测试设备成本和表面安装技术（例如自动探测）的测试困难所导致的问题。

边界扫描技术允许设计者在设计中将边界扫描单元布局在每个 I/O PAD 旁边，以提高芯片内部和芯片之间的可控性和可观测性。

在芯片级，边界扫描单元具有其他端子，它们可以通过这些端子彼此连接。然后，它们在 ASIC 外围形成移位寄存器路径，从而使测试封装引脚成为可能。

图 6.7 显示了由两个 2∶1 多路选择器和一个触发器组成的基本边界扫描单元。

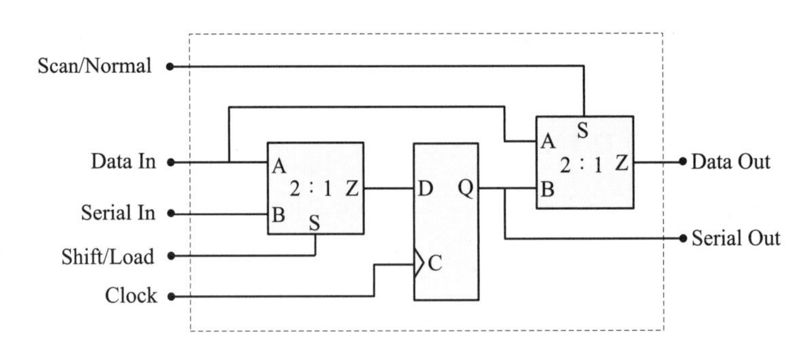

图 6.7 基本边界扫描单元

在正常工作期间，数据通过 Data In 和 Data Out 端口在 ASIC I/O 引脚和内部核心逻辑之间传递，就像边界扫描单元是透明的一样。然而，当 ASIC 处于测试或边界扫描模式时，数据通过 Serial In 和 Serial Out 端口之间的边界扫描单元移位寄存器路径。通过将数据加载到边界扫描单元中，边界扫描单元可以防止数据流向或流出 ASIC I/O PAD，从而可以测试 ASIC 的内部逻辑或外部芯片到芯片的连接。

使用移位寄存器路径的概念，可以将任意数据加载到边界扫描单元中，并且可以从这些边界扫描单元观察数据。边界扫描测试的优点在于它简化了为 ASIC 设计创建测试向量所需的测试模式生成。

为了使用边界扫描单元，需要额外的 I/O PAD，以及 ASIC 设计上的一些额外逻辑，以便控制边界扫描链进行器件测试。

IEEE 通过设置一个标准——ANSI/IEEE 标准 1149.1（IEEE 标准测试访问端口和边界扫描架构）[2] 来解决这些边界扫描要求。本标准定义了 I/O 引脚（TAP）、控制逻辑或 TAP 控制器（状态机），这些引脚产生操作 ATE 所需的控制信号，用于 ASIC 器件的边界扫描测试。

ANSI/IEEE 标准 114.1 详细介绍了芯片测试设计工具集的扩展，同时还定义了一种从外部处理器向 ASIC 传送测试指令和数据的方法。

基于这些要求，ASIC I/O PAD 可以被配置为满足 IEEE 标准 1149.1 规范。图 6.8 说明了基本边界扫描链配置和基本 TAP 控制器连接。

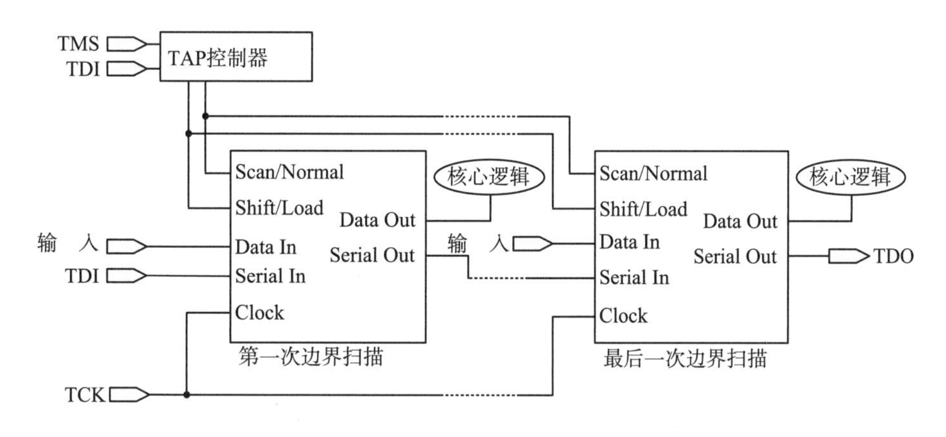

图 6.8 边界扫描链配置

在图 6.8 中，ASIC 设计实现边界扫描测试功能所需的额外引脚如下：

（1）连接到 TAP 控制器和链中第一个边界单元串行输入端口的测试数据输入（TDI）。

（2）并行连接到所有边界扫描时钟端口的边界扫描测试时钟（TCK）。

（3）控制信号 TMS 连接到 TAP 控制器，以生成正确的测试信号顺序，还连接到所有边界扫描端口的 Scan/Normal 和 Shift/Load 端口。

（4）连接到链中最后一个边界扫描单元串行输出端口的测试数据输出（TDO）。

6.4 故障测试

故障测试的目的是检测 ASIC 制造过程中出现的缺陷，这些缺陷可分为硬缺陷（hard defects）和软缺陷（soft defects）。

硬缺陷与短路（或桥接）互连、栅极氧化物缺陷和开路互连有关。硬缺陷是通过测量逻辑电平的变化进行检测的，例如停留在 1（SA1）或停留在 0（SA0）。尽管 SA1 和 SA0 故障测试已成为标准，但事实证明，它不足以彻底检测所有硬缺陷，因为它只检测节点缺陷。

SA1 和 SA0 故障测试（例如扫描）的模型使用原始单元或门级电路的零延迟时序逻辑电平表示。使用这种类型的故障模型，流程需要运行一组测试模式，以驱动每个电路节点的高电平和低电平，以及任何 SA1 和 SA0 信号到输出引脚。然后将这些输出信号与预期的已知良好信号（GKS）进行比较，以检测缺陷。在扫描测试的情况下，这些测试模式是使用称为自动测试模式生成（ATPG）的特定软件自动生成的。

ATPG 软件使用被测电路的故障模型，并创建所有故障列表或故障字典。此故障字典列出了设计中每个节点的所有故障信息。故障字典通常采用精简格式，因为电路中给定节点的冗余 SA1 和 SA0 故障可以删除。

故障字典中列出的信息指示 ATPG 生成的测试模式是否在设计中的每个节点检测到 SA1 和 SA0。在生成 ATPG 测试向量的过程中，SA0 和 SA1 的测试覆盖率至少为 97% 或更高，这是检测节点缺陷的行业惯例。

使用 ATPG 生成扫描测试模式时，会发生三种不同的操作：寄存器路径调节（或扫描模式）、数据捕获（或正常模式）和数据移位（或扫描模式）。

寄存器路径调节用于确保给定扫描路径中的所有触发器正常工作，并在实际扫描测试操作之前设置为已知值（即初始化状态）。在该模式期间，电路进入扫描模式，然后一系列 1 和 0 数据从主扫描输入端通过所有寄存器串行移位，直到它们到达芯片的扫描芯片输出端（即扫描链完全加载）。该操作需要扫描链中每个触发器元件一个扫描时钟。

在数据捕获模式中，电路被置于正常模式，然后来自组合逻辑元件寄存器的数据使用扫描时钟被定时到扫描触发器中，同时在芯片的输入端施加数据。

在扫描操作或扫描模式的最后一部分和第三部分中，电路进入扫描模式，扫描时钟用于通过扫描输出卸载扫描链。在该操作期间，捕获的数据被移出扫描链，通过在扫描时钟的下降沿上同时断言和取消断言扫描使能信号，将新数据从下一测试模式加载到扫描链中，以简化与保持时间约束相关联的时序。

尽管借助于 ATPG 可以使用扫描技术实现合理的故障覆盖，但这种方法不一定能够检测所有可能的 CMOS 缺陷，例如电压削弱或延迟故障。这些类型的故障通常称为软检测，主要与时序相关。

全速功能测试（at-speed functional test）是检测软缺陷最常用的测试方法。全速功能测试模式为任何设计提供了优秀的缺陷检测机制——如果准备得当。

与硬缺陷模型相比，软缺陷（缓慢上升和缓慢下降）故障模型使用逻辑级表示或结构网表中每个元件或门的实际延迟模型来创建故障字典。故障字典在测试程序开发期间用于确定测试向量的质量（即测试覆盖率）。

然而，这种测试向量的缺点是难以测量故障覆盖率。故障覆盖率的问题促进了执行可测试性分析的软件工具的开发，也称为故障仿真器。

故障仿真器允许在设计阶段通过识别具有较差可测试性的设计区域来分析 ASIC 器件的可测试性（或可控性和可观测性），从而允许设计者适当地采取行动来改进设计可测试性。

6.5 参数测试

除了全速测试或功能测试外，确定 ASIC 设计是否将在其指定的交流时序或直流接口参数内运行也很重要。这些类型的测试程序称为参数测试，测试所有关键的交流和直流参数，以确保设备在推荐的电源电压和环境温度范围内成功运行。

如果 ATE 能力支持，则可以通过 ASIC 设计的全速或功能测试获得 AC 性能。AC 参数测试向量验证了时序要求，如传播延迟（或路径延迟）和设计的最大工作频率。可能需要单独测试和测量其他与时序相关的参数，如外部输入建立和保持时间或芯片输出的传播延迟。这可以通过在测试向量中选择适当的位置并编程 ATE 以测量相关的 AC 参数来实现。

随着设计复杂性和门数量随工艺技术的进步而增加，关键时序路径的可控性和可观测性的交流测试可能会带来限制。因此，在生成 AC 参数测试程序时，能够自动暴露关键路径（类似于扫描 ATPG）非常重要。

直流测试旨在测试是否符合外部输入和输出电压和电流要求。测试单个 DC 值通常需要一组测试程序——一些用于设置输出引脚，另一些用于创建被测信号值。因此，直流测试的基本要求是能够测量每个外部输入和输出上的所有直流参数以及给定 ASIC 设计的电源电流。

期望 ATE 能够在最大操作频率下以不同逻辑操作设备，测量 DC 参数，同时连续改变操作条件，例如电压和温度。然而，实际上这是不可能的，因此，可以选择一些操作条件，例如最小和最大电压和温度。

DC 测试要求之一是将 I/O PAD 中的每个缓冲器设置为所有可用状态。需要注意的是，直流参数测试不是针对缺失的切换状态进行的，而是测量设计中每个 I/O PAD 的电特性。DC 指定参数只能在详细了解 I/O PAD 电路和用于制造 ASIC 设计的工艺特性的情况下执行。

6.6 电流和极低电压测试

电流（或 I_{DDQ}）和极低电压（V_{LV}）测试可以检测某些导致参数故障（或软缺陷）的缺陷和退化，但功能性全速测试程序无法检测到这些缺陷和退化。这些类型的软缺陷可能导致时序错误，使电路无法在设计速度下运行，而在较低速度下运行[3]。

I_{DDQ} 测试和 V_{LV} 测试提供了替代的测试策略，可以检测许多额外的缺陷，并将缺陷水平降低一个数量级。常规测试程序最适合检测一些缺陷，如互连短路和开路，而 I_{DDQ} 和 V_{LV} 测试最适合检测其他缺陷，如过孔缺陷、应力空洞、由于电迁移损伤导致的互连延迟增加、阈值电压偏移、栅极氧化物短路和隧穿效应。

I_{DDQ} 测试测量电流故障，由于其低静态电流要求，主要用于 CMOS 工艺。

通常，当CMOS器件的低静态电流由于电源和接地之间的不期望的导电路径（或短路）而突然增加时，会观察到电流故障（或过大电流）。

CMOS 器件的电流故障模型被认为是电路的晶体管级模型，每个晶体管（PMOS 和 NMOS）在完成逻辑转换后以适当的静态电流工作。

I_{DDQ} 测试需要在 ATE 上执行一组测试模式，将每个电路节点驱动到高值和低值。在应用每个测试模式时，完成逻辑转换之后，测量通过电源 PAD（或 V_{DD}）的电流，然后根据 ASIC 的正常静态电流设置的限值测量这些电流，以检测故障。

这些类型的测试的优点是，与扫描或功能测试相比，它们对模式的敏感性要低得多，因为故障可以通过电源 PAD 看到，并且不必在逻辑上传播到设备之外。因此，无须创建已知良好的输出测试程序。

I_{DDQ} 测试被认为更适合于检测故障，如桥接互连、栅极氧化物短路和沟道开路（位于通孔或触点中的一层非常薄的氧化物，导致晶体管栅极断开），这些故障无法通过固定型故障（stuck-at fault）技术检测到。

故障测试（如扫描测试）通常会检测到 SA1 和 SA0 故障，但会错过桥接互连。这是因为桥接互连可以具有足够的电阻以避免功能问题，从而避免检测。I_{DDQ} 测试可有效地检测到桥接故障，因为它对高电阻或低电阻桥接敏感，不依赖于功能故障。

类似地，当器件运行时，可能发生栅极氧化物短路和沟道开路，此时无法通过故障测试检测到。然而，相同的沟道开路或栅极氧化物短路会导致一对 PMOS 和 NMOS 晶体管同时导通，从而增加静态电流，因此可以通过 I_{DDQ} 测试检测到。

V_{LV} 测试应用于工作电压远低于正常工作电压的电路，以检测电路故障。V_{LV} 测试程序使用一组测试模式以及预定的电源电压来执行测试。测试向量的速度和编程电压的值是通过表征来自各种制造的晶圆的已知良好器件来确定的。尽管 V_{LV} 可以在电源电压降低时检测到更多的软缺陷，但它无法检测到互连延迟故障，因为当电源电压降低后，互连延迟不会缩小。

V_{LV} 测试所需的最小电源电压确定了 ASIC 设计可以正常工作的最低电源电压。在 CMOS 工艺中，该低电压电平通常比晶体管阈值电压高两到三倍。

为了确定最低工作电源电压（或参考电压），V_{LV} 测试从非常低的电源电压开始，从而使设备无法正常工作（在电压故障模式下），然后以规定的间隔增加电源电压，直到设备通过测试。使用来自制造晶圆和批次的各种已知良好ASIC器件重复该过程数次，以构建用于分析的最小电源电压分布。

对于当今的深亚微米ASIC设计，互连延迟不再是可忽略的，通常在物理设计期间使用密集的缓冲器插入来减少长的互连延迟。将I_{DDQ}和V_{LV}测试与传统的固定型故障测试结合使用，可以提高制造缺陷检测的效果，因为它能够检测（上升缓慢和下降缓慢）有缺陷的缓冲器。

6.7 晶圆验收测试

晶圆验收测试（WAT）是一种用于确定所制造的ASIC器件是否符合设计规范的采样方法。

WAT为半导体制造商和ASIC供应商提供了一种经济的方法，以将可能具有更高产量的晶圆与不具有更高产量的晶圆分开。

使用WAT数据有两个重要方面：一个涉及对ASIC制造商工艺的评估，另一个涉及在ASIC制造过程中监控工艺。

对于工艺评估，将半导体制造商提供的WAT数据与各种工艺参数（如晶体管特性、电阻、电容和噪声值）进行比较。这使得人们能够理解实际过程和模型之间的相关性，并确保过程符合ASIC设计的物理和电气规范。

此外，ASIC设计团队应评估晶圆验收的半导体工艺能力。通常，晶圆验收是通过筛选包含测试芯片的多个同时制造的晶圆来完成的，以便预测一组晶圆（或一批）是否会产生足够且可接受百分比的良好零件或晶圆。

通过测量PMOS和NMOS参数（如延迟），并将其与模型进行比较，可以观察过程行为是否符合模型。使用模型（例如SPICE）对PMOS和NMOS晶体管在各种条件下进行模拟，如快PMOS和快NMOS、快PMOS和慢NMOS、慢PMOS和快NMOS及慢PMOS和慢NMOS。结果（图6.9中梯形区域的指数所示）与测量的WAT数据一起绘制。

在图6.9中，可接受区域内的数据点表示过程和模型匹配。然而，驻留在可接受区域之外的数据点表示过程和模型之间的不匹配。

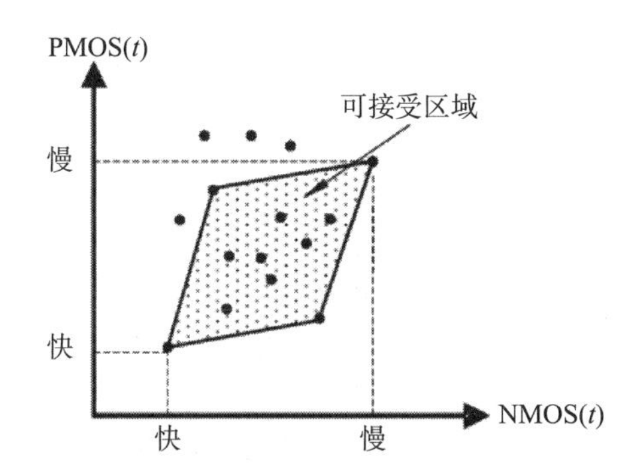

图 6.9 晶体管模拟结果与 WAT 数据

从生产的角度来看，需要解决过程和模型之间的这些类型的不匹配。一种解决方案是扩展图 6.9 中的可接受区域，以便通过调整 PMOS 和 NMOS 晶体管模型来覆盖所有外围数据。这种方法可能并不可取，因为它需要重新描述 ASIC 库的整个层次（标准单元、存储器和智能器件），并且可能会对现有 ASIC 设计产生负面影响。该问题的另一个解决方案是修改当前工艺以匹配现有晶体管模型。首选此方法，因为不需要更改模型或库。

WAT 数据通过目视检查或参数测试生成。最常见的工艺参数如下：

（1）临界尺寸（如多晶硅长度）。

（2）氧化物厚度。

（3）薄膜厚度。

（4）片电阻率。

（5）电流和电压偏移。

（6）电流泄露。

（7）掩模对齐。

（8）颗粒缺陷。

（9）欠刻蚀 / 过刻蚀。

（10）电容 / 电阻不匹配。

（11）二极管特性（PMOS 和 NMOS 性能）。

在将 ASIC 提交给制造商进行处理后，在生产掩模之前，将向实际的 ASIC 设备添加两个物理环，即密封环和划片线，如图 6.10 所示。

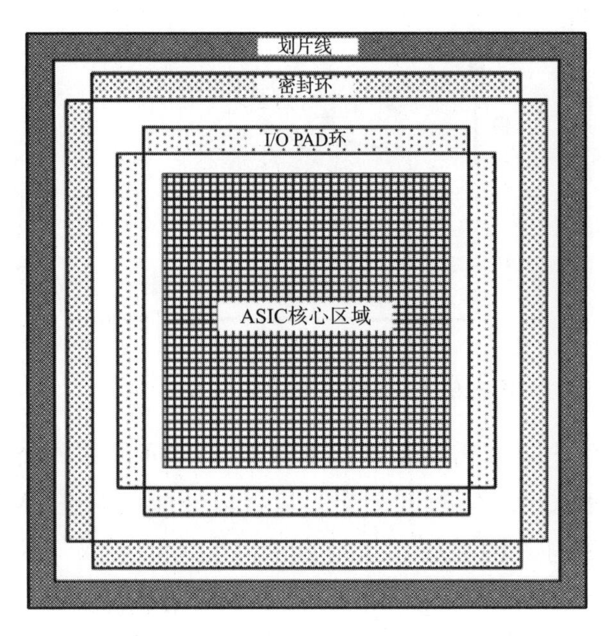

图 6.10 ASIC 密封环和划片线

密封环将封装壳和基板连接到其盖上，以防止水分渗透到封装中。划片线用于将处理过的晶圆分割成单个晶圆。

划片线或单个方块之间的狭窄通道，通过金刚石尖端刮擦、金刚石刀片锯切或激光燃烧形成机械划痕，在机械应力的作用下，沿着划线断裂，从而分离各个裸片。

为了节省硅面积，几乎所有 ASIC 制造商都使用划片线作为工具来添加其过程监控测试结构，以便在器件制造过程中收集 WAT 数据。

近年来，ASIC 和半导体行业加强了对产量问题的关注，以应对制造复杂 ASIC（130nm 及以下技术）的挑战，因此，在设计生产期间监测 WAT 数据是确保高产量的关键。

6.8 存储器内建自测试

存储器内建自测试（MBIST）已被证明是广泛用于嵌入式存储器测试的最全面和有效的测试方法之一。

MBIST 非常具有成本效益，因为它不需要任何外部测试硬件，并且需要最少的开发工作，同时在许多情况下允许在测试期间精确定位缺陷。然而，

MBIST 具有开销面积成本，并且由于其所需的逻辑电路，可能会对存储器性能产生一些负面时序影响。

为了有效地使用 MBIST 方法，必须考虑质量和效率等一些标准。

MBIST 质量是指其在检测固定型故障时的测试覆盖水平。

如果 MBIST 测试算法没有检测到绝大多数缺陷，它会影响 ASIC 设计的质量，并可能导致不期望的工程和商业结果。MBIST 质量被认为是 MBIST 方法中最重要的标准。

效率标准对应于 ASIC 设计中 MBIST 电路的面积开销集成及其测试算法的运行时间。低效的 MBIST 可以增加整个 ASIC 设计面积，并显著增加具有许多嵌入式存储器的设计的测试时间。

基本 MBIST 配置包括多路选择器、数据生成器、地址生成器、控制逻辑和比较器，如图 6.11 所示。

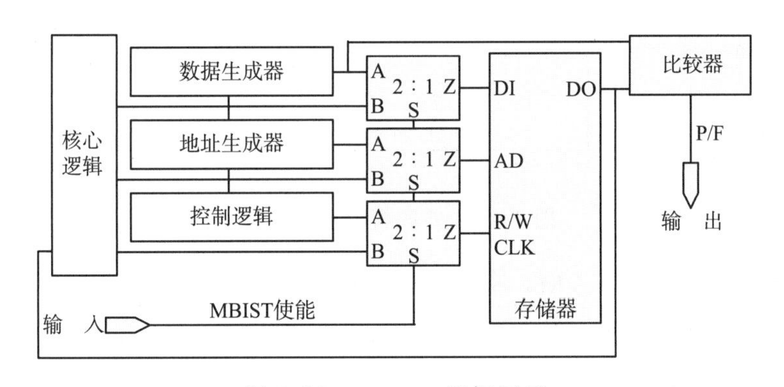

图 6.11 MBIST 逻辑展示

在 MBIST 操作期间，通过使用连接到数据、地址和控制线（例如读写线）的多路选择器，将存储器置于测试模式，以允许 MBIST 独立于设计的其余部分来使用存储器。然后，驻留在控制逻辑内部的有限状态机为数据和地址生成器提供必要的状态和信号，以将 March 算法中的测试模式写入存储单元，从存储器中读取数据，并将其与原始数据进行比较。如果在操作过程中发生不匹配，则设置一个标志以显示被测存储单元出现故障。

需要注意的是，尽管许多采用 MBIST 的 EDA 工具已经开发了优化算法，以测试大量故障类型，同时保持合理的测试时间，但它们可能无法检测诸如软缺陷之类的故障。

6.9 并联模块测试

并联模块测试（PMT）技术允许将测试向量应用于设计中的块或模块，并使用 ASIC 外部输入和输出封装引脚直接观察其响应。

PMT 使用可以与模块的正常输入和输出端口串联插入的多路选择器，以允许将模块的互连布线从其正常功能走线路径重新配置到测试访问路径。

图 6.12 说明了由存储器、硬宏或模拟块以及其他核心逻辑电路组成的 ASIC 设计的 PMT 配置。

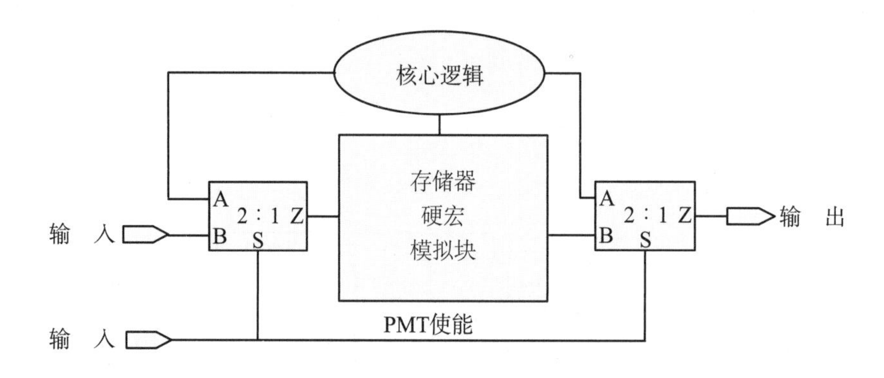

图 6.12 并联模块测试逻辑

在 PMT 测试期间，PMT 使能信号设置多路选择器，以便可以直接从 ASIC 外部输入和输出访问被测模块。

PMT 对于面积和性能受 MBIST 影响的存储器测试非常有用。此外，如果 ASIC 设计具有嵌入式模拟块，则从特征化的角度来看，PMT 可能是有利的。通过允许从外部输入和输出引脚直接控制和观察模拟块，PMT 显著缩短了测试时间。

6.10 总 结

在本章中，我们简要讨论了最常见的 ASIC 测试技术，如功能、扫描、边界扫描、参数化、晶圆验收、存储器和并联模块测试。

当今，没有测试设计的 ASIC 设计可能无法满足高可靠性要求。我们应该认识到，所有测试技术都需要设计权衡，例如面积、设计周期时间或提取处理步骤。设计权衡的经济可行性必须根据测试开发周期时间、测试时间减少以及实现的故障覆盖水平进行仔细评估。

在功能测试部分，我们概述了正确的电路初始化、选择器的使用以及测试要求的基本设计的重要性。功能测试涉及手动或自动方法。尽管手动测试方法适用于某些设计，但对于需要更短测试开发周期的复杂 ASIC 来说，手动测试方法耗时且效率低下。另一方面，自动化测试可以增加测试覆盖率，缩短开发周期，而手动测试可能无法做到这一点。

在扫描和边界扫描测试部分，我们讨论了此类测试技术的概念及其在测试条件下的操作。我们应该注意，尽管扫描和边界扫描提高了固定覆盖率，但它可能不足以覆盖许多基于时序的缺陷。为了解决这种效率低下的问题，需要基于扫描的 ATPG 全速测试解决方案。拥有这样的解决方案不仅确保了检测基于时序的缺陷的高测试覆盖率，还减少了测试时间。

在参数测试部分，我们介绍了交流和直流测试的概念。这些类型的测试在晶圆制造完成后进行。在参数测试期间，测量各种技术和工艺参数，并与规范进行比较，以确保正确的芯片制造。

在电流和极低电压测试部分，我们概述了可检测额外缺陷的替代测试策略，如功能测试或全速测试无法检测到的沟道开路。这些类型的工艺引起的缺陷是亚微米工艺的主要缺陷类型，我们需要能够检测这些缺陷以提高器件可靠性。

在晶圆验收测试一节中，我们提到了晶圆验收测试在工艺评估过程中的重要性，以及提高产量的工艺监控工具。此外，我们还讨论了使用划片线作为过程监控元素。我们应该注意，制定全面的测试计划对提高产量有着深远的影响，特别是对于深亚微米工艺。

在存储器内建自测试和并联模块测试部分，我们讨论了这些测试对于测试改进设计的优势。此外，我们还介绍了存储器的自动测试生成。从物理设计的角度来看，具有这种测试能力可以减少测试开发周期，特别是在设计中包含大量存储器的情况下。

图 6.13 显示了 ASIC 设计阶段的测试开发步骤。

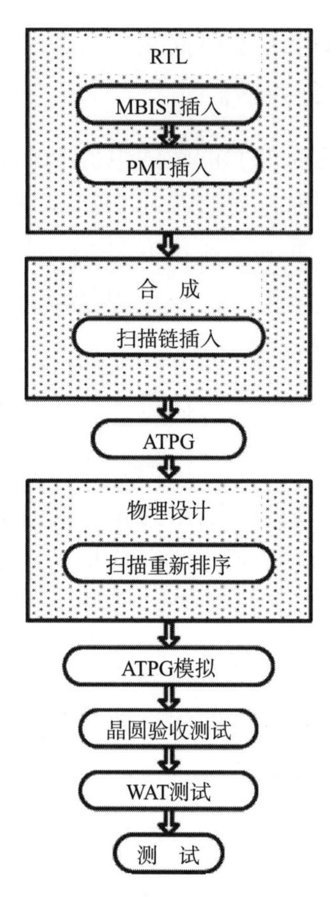

图 6.13 设计阶段的测试开发步骤

参考文献

[1] E.B.Eichelberger, T.W.Williams. A logic design structure for LSI testability. Journal of Design Automation and Fault Tolerant Computing. 1978: 165-178.

[2] ANSI/IEEE Standard 1149. 1-1990, IEEE Standard Test Access Port and Boundary-Scan Architecture, IEEE Standards Board. New York, N.Y, 1990.

[3] P.Franco. Testing Digital Circuits for Timing Failures by Output Waveform Analysis. Center for Reliable Computing Technical Report, No. 94-9 Stanford University, 1994.